Daunderer

Amalgam

3., überarbeitete Auflage

Diese Informationsschrift will Sie beraten.

Die Wiedergabe von Gebrauchsnamen, Handelsnamen, Warenbezeichnungen usw. in dieser Schrift berechtigt auch ohne besondere Kennzeichnung nicht zu der Annahme, daß solche Namen im Sinne der Warenzeichen- und Markenschutzgesetzgebung als frei zu betrachten wären und daher von jedermann benutzt werden dürften.

Dieser Beitrag enthält physikalisch-chemische Daten und medizinische Hinweise. Der Leser darf darauf vertrauen, daß Autor und Verlag größte Mühe darauf verwandt haben, diese Angaben bei Fertigstellung dieser Informationsschrift genau dem Wissensstand entsprechend zu bearbeiten; dennoch sind Fehler nicht vollständig auszuschließen. Aus diesem Grund sind alle Angaben mit keiner Verpflichtung oder Garantie des Verlags oder des Autors verbunden. Beide übernehmen infolgedessen keinerlei Verantwortung und Haftung für eine etwaige inhaltliche Unrichtigkeit dieser Schrift.

Mit freundlicher Empfehlung
Herausgeber und Verlag

Unter wissenschaftlicher Beratung durch den Zahnarzt Prof. Dr. Ottaviano Tapparo, München.

ecomed Umweltinformation

Dieses Buch wurde auf chlor- und säurefreiem Papier gedruckt.

Unsere Verlagsprodukte bestehen aus umweltfreundlichen und ressourcenschonenden Materialien.

Wir sind bemüht, die Umweltfreundlichkeit unserer Werke im Sinne wenig belastender Herstellverfahren der Ausgangsmaterialien sowie Verwendung ressourcenschonender Rohstoffe und einer umweltverträglichen Entsorgung ständig zu verbessern. Dabei sind wir bestrebt, die Qualität beizubehalten bzw. zu verbessern.

Schreiben Sie uns, wenn Sie hierzu Anregungen oder Fragen haben.

Die Deutsche Bibliothek – CIP-Einheitsaufnahme

Daunderer, Max:
Amalgam / Daunderer – Sonderdr., 3., überarb. Aufl. – Landsberg/Lech:
ecomed, 1995
  ISBN 3-609-63490-1

Amalgam, 3., überarbeitete Auflage

Sonderdruck aus
Handbuch der Amalgamvergiftung
ISBN 3-609-71750-5
© 1993 ecomed verlagsgesellschaft AG & Co. KG, Landsberg
Rudolf-Diesel-Str. 3, 86899 Landsberg/Lech
Telefon 0 81 91 / 1 25 - 0; Telefax 0 81 91 / 1 25 - 2 92, Telex 5 27 114 moind
Verfasser: Dr. med. Dr. med. habil. Max Daunderer
TOX CENTER e. V., Weinstraße 11, 80333 München, Tel. (0 89) 293232

Satz: SatzStudio Pfeifer, Gräfelfing
Druck: Jos. C. Huber KG, 86907 Dießen/Ammersee
Printed in Germany: 630490/795205
ISBN 3-609-63490-1

Inhaltsverzeichnis

1
Geschichte

1840 wurde Amalgam erstmalig in den USA verboten. 15 Jahre lang wurde jeder Zahnarzt von der Kammer ausgeschlossen, wenn er Amalgam verarbeitete.

Seither tobt ein verzweifelter Kampf der Amalgamvergifteten gegen die Profitdenker.

Bis zu unserem Nachweis, daß Amalgam den Speichel vergiftet, was mit dem Kaugummitest belegbar ist, wurde offiziell behauptet, die Giftmetalle Quecksilber, Zinn, Kupfer und Silber würden nicht aus Amalgamfüllungen freigesetzt, da diese stabil seien. Bis zu unserem Nachweis der Organspeicherungen im DMPS-Test, behaupteten sie, alles Gift würde wieder ausgeschieden. Heileffekte wurden als psychisch abgetan.

Weltweit stimmt die Rate der MS-Fälle (hier 120.000) mit der Quecksilbermenge, die Zahnärzte verarbeiten, exakt überein. Ohne Amalgam gäbe es keine Multiple Sklerose. Das Amalgam der Mutter (Feer-Syndrom) entscheidet über die Entstehung der Krankheit.

Ebenso korreliert der Quecksilbergehalt von Süßwasserfischen mit der von Zahnärzten verwendeten Amalgammenge. Je mehr Amalgam verwendet wird, desto höher sind die »Grundbelastungen durch Nahrungsmittel«.

Prof. STOCK, Direktor des Max-Planck-Instituts, Ordinarius für Chemie, erfuhr bereits 1910 von dem größten klinischen Toxikologen in Deutschland, Prof. LEWIN, daß er von seinem Feer-Syndrom, d.h. zentralnervösen Störungen durch Quecksilberdämpfe, die er sich durch flüssiges Quecksilber am Arbeitsplatz zugezogen hatte, erst geheilt würde, wenn er sich seine Amalgamfüllungen entfernen ließ. STOCK fühlte sich darauf wie neu geboren und versuchte, alle Zahnärzte von einer weiteren Vergiftung ihrer Patienten abzuhalten. Die Zahnärzte versuchten, das Amalgamverbot hinauszuzögern. Sie gründeten in Berlin ein Institut zur Überprüfung der Behauptungen von STOCK. Nach 10 Jahren erklärte dieses Institut, daß die Warnungen von STOCK korrekt seien und »daß Amalgam sofort vermieden werden sollte, sobald eine Alternative bekannt sei«.

Damals waren Alternativen bekannt: Gold für Reiche, Steinzemente für Arme, diese Kenntnisse gerieten aber durch den 2. Weltkrieg in Vergessenheit.

In den 60er Jahren argumentierten die Zahnärzte so, als ob es STOCK nie gegeben hätte.

Im Stammland der chemischen Industrie darf es offiziell keine Amalgamvergiftung geben. Betroffene werden als psychisch krank angesehen, Helfer als Systemfeinde. Da niemand die Giftwirkung kennt, setzen Zahnärzte sofort als Alternative die gänzlich verbotenen Gegenspieler mit Palladium oder Platin ein. Der dann noch kränker werdende Vergiftete wird als eingebildeter Kranker verspottet. Nur, wer sich selbst informiert, hat Heilungschancen.

Da Amalgam unter den Zahnwurzeln eingelagert wird und gefährliche Bakterien und Pilze dort heranzüchtet, führt es stets zum Zahnverlust und zur Schädigung der Körperorgane bzw. Nerven, die diesem Herd zugeordnet sind. Dies ist für die Amalgamträger sehr bitter und schwer zu durchschauen.

Die Vergiftungsfolgen, wie der Eiter unter den Zähnen, entscheiden über Krankheiten, nicht die Anzahl der Füllungen im Mund.

Einmal eingesetztes Amalgam wirkt lebenslang – auch nach dem Herausbohren. Wer weiß, was Amalgam ist und wie es wirkt, wird sich nie ein Giftdepot in den Körper setzen lassen.

Die Amalgam-Geschichte lehrt, daß nur gut informierte Patienten die Möglichkeit haben, vor einer Vergiftung bewahrt oder gerettet zu werden.

1.1
Toxikologie-Ausbildung

Ärzte, die eine akute, lebensbedrohliche Vergiftung behandeln können, waren schon immer in der Minderheit.

Die chronische, viel schwerer zu erkennende und zu behandelnde Vergiftung jedoch kennt praktisch kein Arzt. In der ärztlichen Ausbildung wird sie überhaupt nicht gelehrt, sie wird überall bagatellisiert.

Zahnärzte können über eine chronische Vergiftung oder über eine Allergie durch Zahnersatzmaterialien naturgemäß weniger wissen als Allgemeinärzte und Fachärzte.

Den Facharzt für klinische Toxikologie gibt es in Deutschland nicht. Toxikologen beschäftigen sich ausschließlich mit Tierversuchen. Die Ratte sagt uns aber nichts über Kopfschmerzen, Rückenschmerzen oder Geschmacksstörungen. In Zukunft wird es viele Lehrstühle und Doktoranden für die Amalgamproblematik geben! Vielleicht gibt es auch einmal eine Ausbildung zum klinischen Toxikologen.

DIE FEHLENDE AUSBILDUNG ZUR BEHANDLUNG VON VERGIFTUNGEN VERBIETET JEDE ANWENDUNG VON GIFTEN.

Im offiziellen Sprachgebrauch heißt die Vergiftung »Belastung«.

2
Giftigkeit von Amalgam

Karies ist eine Stoffwechselkrankheit, der Organismus ist also krank. Verursacht werden kann die Karies durch Spurenelementmangel und Umweltgifte, ausgelöst durch klebrigen Zucker und mangelhafte Mundhygiene. Der Kiefer ist ein Filter, der alle Umweltgifte, die eingeatmet wurden, speichert. Wir finden die Gifte in den Zahnwurzeln.

Amalgam, das metallisch-graue Zahnfüllungsmaterial, enthält mindestens 50% flüssiges metallisches Quecksilber, der Rest etwa zu je einem Drittel Zinnspäne, Silberspäne und Kupferspäne. Der Zahnarzt mischt unmittelbar vor der Anwendung das flüssige Quecksilber und die Metallspäne zusammen. Die feuchte Knetmasse wird in das Zahnloch gestopft. In den nächsten Tagen wird die Knetmasse immer härter, weil das Quecksilber abdampft und verschluckt wird. Amalgam bleibt immer eine relativ weiche Metallmischung, aus der die Metalle durch Hitze, Säuren und mechanische Einwirkung ausgelöst werden. Jährlich werden bei uns über 20 t Quecksilbermetall in Zähne gestopft (1989 waren es 37,8 Millionen Amalgamfüllungen).

Gefährlich ist das Quecksilber in den Speichern (Kiefer, Gehirn etc.), nicht das, das in Blut, Urin oder Haaren gefunden wird.

2.1
Wirkung

Das freigesetzte Quecksilber wird eingeatmet, kommt über die Nase und die Nasennebenhöhlen ins Gehirn – besonders in die extrem giftempfindliche Hirnanhangsdrüse – oder über die Lunge mit ihrer riesigen

Oberfläche von 400 m² ins Blut. Ein Teil des Quecksilbers wird verschluckt und von den üblichen Darmbakterien in das 100fach giftigere organische Quecksilber verwandelt.

Ein weiterer Teil des Quecksilbers wird über das Zahnfleisch-, die Zahnkanälchen-, die Zahnwurzel und über die Kieferknochen in den Körper aufgenommen. Das aufgenommene Quecksilber verteilt sich im ganzen Körper. Manche Organe speichern Quecksilber besonders stark in folgender absteigender Konzentration: Mundschleimhaut, Zahnwurzel, Tumoren (Krebs), Zysten, Warzen, Akne, Leber, spezielle Hirnareale, Nerven, Nieren, Schilddrüse, Eierstock, Hoden, Bauchspeicheldrüse, Darmschleimhaut, Auge, Innenohr, Muskulatur, Gallenstein u.a.

Quecksilber wird ständig von anorganischem in organisches verwandelt. Organisches Quecksilber ist krebserregend. Amalgam in einer Zahnkavität verteilt sich auf alle Zähne und ihre Wurzeln über den Zahnhalteapparat und kann eine Zahnlockerung auslösen (Parodontose).

Quecksilber blockiert in jeder Zelle an 49 Stellen den Nervenstoffwechsel indem es sich an die Schwefel-Sauerstoff-Gruppe des Ferments Coenzym A anlegt:

$$Hg - SH - Coenzym\ A$$

Bei dieser Enzymblockade werden betroffen:

Hirnstoffwechsel	Kohlehydratstoffwechsel
Nervenstoffwechsel	Vitaminstoffwechsel (A, F, B 12)
Eiweißstoffwechsel	Formaldehydstoffwechsel
Fettstoffwechsel	Spurenelementstoffwechsel

und damit auch die Metallentgiftung (Blei, Cadmium, Aluminium, Zinn u.a.)

> ### FÜR QUECKSILBER GIBT ES KEINE UNGIFTIGE MENGE.

Bei einem Viertel aller Deutschen fehlt ein Enzym zur Quecksilberentgiftung, die Glutathion-S-Transferase (GST). Nur wenn dieses Entgiftungsenzym in ausreichender Menge im Körper vorhanden ist, verträgt man Amalgam.

Auch wenn Quecksilber bei einem intakten Entgiftungssystem zu einem großen Teil wieder ausgeschieden wird, so hat es doch vorher Schäden verursacht. Gespeichertes Quecksilber führt stets zu Schäden, die bei einem Gesunden u.U. erst nach 30 Jahren eintreten können. Wann, wo und welche Schäden eintreten, weiß man immer erst im nachhinein. Hinweise liefert die Tabelle der Giftherde in Kapitel 3.6.1.

Die Quecksilberempfindlichkeit ist erhöht bei:

– Ungeborenen	– Lösemittelvergifteten
– Säuglingen	– Alkoholikern
– Kleinkindern	– Rauchern
– Mädchen	– Krebskranken
– Schlanken	– Formaldehydvergifteten
– Metallvergifteten	– Holzschutzmittelvergifteten

> ### AMALGAM MACHT ERST PSYCHISCH, DANN KÖRPERLICH KRANK.

Vergiftungsanzeichen sind:

Antriebslosigkeit wechselnd mit Gereiztheit, Kopfschmerzen, Schwindel, Zittern, Magen-Darm-Beschwerden, Gedächtnisstörungen, Schlafstörungen, Metallgeschmack, Muskelschwäche, Rückenschmerzen, Allergie, Haarausfall, Akne, Nervosität, Depression, Ataxie, Lähmungen, Pelzigkeit, Hör- und Sehstörungen, Infektanfälligkeit, Herzrhythmusstörungen, Anämie, Antriebslosigkeit.

2.2
Wirkungsverstärkung

Die Giftigkeit des Amalgams wird nicht allein vom Quecksilber bestimmt. Es handelt sich hier um eine Mischvergiftung. Die Wahrscheinlichkeit einer Stoffwechselbeeinträchtigung (s. Kap. 2.1) wird dadurch vervielfacht – ebenso wie die der Allergiequote.

2.2.1
Zinn

Wirkung: Zinn wird genauso wie das Quecksilber im Körper eingelagert.

Vergiftungsanzeichen sind:

zunehmende Schwäche, Antriebslosigkeit, Neuralgien, Schmerzempfindlichkeit, Lähmungen, auf- und abschwellende Schmerzen im Magen-Darm-Trakt, Kopfschmerzen, Heiserkeit, Husten, Kälte- und Wetterempfindlichkeit, Bläße, Sehstörungen, Bronchitis.

Zinn ist ein Zinkfresser, es wird von den üblichen Darmbakterien in das extrem giftige organische Zinn verwandelt, welches das gefährlichste Metall ist, das wir kennen. Zinndämpfe werden ebenso wie Quecksilberdämpfe aus dem Amalgam eingeatmet. Je mehr Quecksilber freigesetzt wird, desto mehr wird auch Zinn freigesetzt. Zinn ist ein sehr starkes Nervengift, das gleichzeitig das Immunsystem angreift. Die Ausscheidung wird mit DMPS gefördert.

2.2.2
Kupfer

Vergiftungsanzeichen sind:

klonische Krämpfe, Koliken, Sehstörungen, Atembeschwerden, Zähneknirschen, Pelzigkeit (Parästhesien), starkes Zittern, Schwäche, Verstopfung, Allergie, Leberschädigung.

Kupfer ist in organischer Form sehr gefährlich. Es schädigt die Leber und das Gehirn. Im Wasser tötet es bereits in Spuren alle Fische. Kupfer verdrängt das zur Giftausscheidung lebensnotwendige Zink.

Kupfer kommt heute ohnehin in fast allen Leitungsrohren zur Trinkwasserversorgung vor. Durch Aufnahme von Kupfer mit dem Trinkwasser kann bei Säuglingen die Leber so stark geschädigt werden, daß sie sterben. Kupfer hemmt die Ausscheidung von Quecksilber und Zinn aus dem Körper. Vorsicht bei Kupfergeschirr; das Kochen in Kupfertöpfen ist gefährlich.

Infolge der großen Kupfermengen im Körper kann es nicht wirkungsvoll mit DMPS ausgeschieden werden. Man muß durch Entfernung aller Zinkfresser dafür sorgen, daß Zink als Gegenspieler in ausreichender Menge im Körper vorhanden ist, bei Bedarf zuführen.

2.2.3
Silber

Vergiftungsanzeichen sind:

Angst, Vergeßlichkeit, Denkstörungen, Kopfschmerzen, Schwindel, geringe Belastbarkeit, geistige Schwäche, Muskel-, Bänder- und Gelenkschwäche, Knorpelschwellung, Rückenschmerzen, Rheumatismus.

Silber schädigt die Sehnen, Gelenkknorpel und Gelenke und verstärkt die Giftigkeit der anderen Amalgambestandteile. DMPS fördert die Ausscheidung von Silber nur mäßig, Zink und Selen gelten als wirkungslos. Schwefel in Form von Natriumthiosulfat erreicht nur das Silber außerhalb der Zelle. Wir wissen nur sehr wenig über seine exakte Stoffwechselfunktion. Die erhebliche Silberkonzentration in den Bandscheiben von Operierten zeigt uns ebenso wie die Besserung der Beschwerden bei Bandscheiben- oder Kniekranken ohne Operation, jedoch nach erfolgreicher Amalgamentgiftung, daß Silber keinesfalls als Giftkomponente vernachlässigt werden darf.

Schmerzkomponente

Wir bezeichnen Silber im Amalgam als die Schmerzkomponente, es ist das Messer oder der Stachel im Körper.

Quecksilber führt zu schmerzfreien Nervenschäden, Silber jedoch zu extrem schmerzhaften Nervenschäden.

2.2.4
Umweltgifte

Das Quecksilber aus Amalgam würde uns wahrscheinlich nie einen so großen Schaden zuführen, wenn nicht durch zahlreiche weitere Langzeitgifte, denen wir täglich ausgesetzt sind, das Entgiftungssystem unseres Körpers und damit das Immunsystem und das Nervensystem bedrohlich angegriffen wären. Entscheidend ist hierbei die Dioxinmenge, die im Körper gespeichert ist.

2.2.5
Bildschirmtätigkeit

Magnetische Strahlung, auch bei strahlungsarmen Monitoren, vermag Bestandteile des Amalgams herauszulösen und zu ionisieren. Dieser Vorgang wird durch das Kaugummikauen verstärkt.

Ist ein elektrochemischer Vorgang durch das Nebeneinanderliegen von ein oder mehreren Metall-Legierungen neben oder gegenüber von Amalgamfüllungen bereits eingeleitet, erhöht sich die Auflösungserscheinung in einem magnetischen Feld um ein Vielfaches. Ebenso wird die Wirkung von Giftherden, hervorgerufen durch Metallablagerungen, auf den Gesamtorganismus verstärkt.

2.2.6
Zahngifte

Umweltbedingte Stoffwechselstörungen werden, oft in jungen Jahren, zusätzlich mit Amalgam verschlechtert. Amalgam schädigt das Zahnfleisch und den Zahnhalteapparat aller im Mund befindlichen Zähne. Die 6-Jahr-Molaren (die ersten bleibenden Backenzähne) sind oft als erstes von Karies befallen, so daß diese Zähne auch die ersten Amalgamfüllungen bekommen. Problematisch sind diese Zähne im Oberkiefer, da sie dreiwurzelig sind. Hier sterben die Wurzeln als erste durch die Gifte ab.

2.2.6.1
Formaldehyd

Statt beherdete Zähne wie früher zu ziehen, werden sie heute wurzelbehandelt und mit einem giftigen Wurzelfüllmaterial gefüllt. Bis vor kurzem wurde Arsen zur Pulpatötung verwendet. Heute werden ausnahmslos formaldehydhaltige Pasten mit einer Reihe von Allergenen (Cortison, Antibiotika) als Wurzelfüllmaterial verwendet.

Dieses Formaldehyd bleibt lebenslänglich im Kieferknochen und wird ständig an den Körper abgegeben. Eine formaldehydhaltige Zahnwurzel verstärkt die Amalgamwirkung etwa hundertfach. Das ständig – Tag und Nacht – ins Blut wandernde Formaldehyd führt durch den amalgambedingten Folsäureverbrauch (Enzym zum Formaldehydabbau) zu einer Abbaustörung. Auch führt das Quecksilber über eine Punktmutation zu einem Gendefekt des Formaldehydabbaus. Im Test (Passivrauchen oder nach Folsäuretablette) zeigt sich dies in einer Erhöhung der Abbaurate in Form von Ameisensäure im Urin (Immunschäden) und/oder einer Erhöhung der Rückbaurate Methylalkohol (=Methanol; Nervenschäden), aus dem später erneut Formaldehyd und Ameisensäuren wird. In diesen Fällen muß als Zahnfüllung ein laborgefertigtes Kunststoff-Inlay eingesetzt werden. Statt Kunststoffkleber besser Zement verwenden. Formaldehyd führt bei einer Abbaustörung zu einer starken Nervosität mit Zittern, zu Denkstörungen, Allergien und schweren Immunschäden bis hin zu Krebs. Im Passivrauch findet sich besonders viel Formaldehyd.

2.2.6.2
Palladium

Palladium ist häufig in Goldlegierungen für Zahnfüllungen enthalten. Amalgamvergiftete vertragen keine Spuren von Palladium.

Die Palladiumwolken aus Autoabgasen sind letztlich die Gründe, warum wir dieses Gift plötzlich überhaupt nicht mehr vertragen. Nachgewiesen wird der Abrieb im Kaugummitest. Die Palladium-Allergie (70%!) ist häufig mit einer Nickel-Allergie verbunden. In schweren Fällen muß der Zahn gezogen und die Wurzelhöhle mehrfach ausgefräst werden. DMPS kann erst nach der Entfernung des Zahnes verwendet werden und scheidet auch dann Palladium nur mäßig aus. Die Symptome einer Palladiumvergiftung sind fast die gleichen wie die von Amalgam.

2.2.6.3
Gold

Gold bindet Amalgam. Eine Goldfolie ist das Amalgam-Meßgerät der Zahnärzte in der Arbeitsmedizin. Während nur die Goldlegierung aus 88% Gold plus 12% Platin die ideale Erst-Zahnversorgung darstellt, ist sie für Zähne, die mit Amalgam gefüllt waren, nicht die richtige Therapie, da sie das nicht entfernbare Amalgamdepot im Kieferknochen und Gehirn dann lebenslänglich festhält. Platin vertragen wir nicht mehr durch die Platinwolken aus Autokatalysatoren. Unter 90% aller Goldkronen ist ein Amalgamstumpf. Man erkennt dies an der Amalgamspeicherung um die Wurzel und der Amalgamtätowierung in der Schleimhaut.

2.2.6.4
Keramik

Schlecht gebrannte Kassenkeramik (weniger als sechsmal gebrannt) setzt viel Aluminium (bis 31 Mio. µg/kg pro Krone) frei (s. Kap. 2.2.8). Als Kleber werden meist formaldehydhaltige Kunststoffe verwendet. Nachweis im Kaugummitest.

2.2.7
Wohngifte

Einige Hersteller von Chemikalien haben neue Möglichkeiten der Chemie-Umsatzförderung entwickelt, nämlich hochgiftige und spottbillige Abfallchemikalien als Holzschutzmittel in allen Wohnräumen inclusive Kinderzimmern in höchsten Konzentrationen zu verstreichen.

Zwar töten die Gifte alle Fliegen und Pflanzen, aber Todesfälle am Menschen wurden dadurch erwartungsgemäß erst nach Jahrzehnten bekannt.

Schnell schwerkrank wurden zunächst diejenigen, die auch Amalgam nicht vertrugen, dabei wurden die Stoffwechselstörungen deutlich, insbesondere der enzymschädigende Zinkmangel. Mittlerweile wurden Holzschutzmittel-Hersteller in Frankfurt verurteilt.

2.2.7.1
Pentachlorphenol

Diese Substanz schädigt in jeder Zelle durch Hemmung der oxydativen Phosphorylierung die Energieaufnahme und damit den Energiemotor, der »Motor läuft mit Vollgas und kaputter Kupplung«. Das Produkt ist dioxinverseucht. Damit wurden die Wohnungen, die mit pentachlorphenolhaltigen Holzschutzmitteln gestrichen wurden, dioxinhaltig! Es führt zu Hormon- und Nervenstörungen sowie Krebs. Seit 1979 ist es verboten. Nachweis im gekehrten Hausstaub und im Vollblut.

2.2.7.2
Lindan

Lindan hemmt in jeder Zelle an 108 Stellen die Kalium-Natrium-Magnesium einbauenden Enzyme; Nervengift; dioxinverseucht; verursacht Leukämien. Nachweis wie bei Pentachlorphenol.

2.2.7.3
Pyrethroide

Alle Chemikalien, die Tiere töten (Insektizide, Pestizide) haben langfristig nichts in unserem Wohnbereich zu suchen, da sie in geringsten Spuren das empfindliche menschliche Gehirn schädigen. Viele dieser Gifte können wir heute noch nicht einmal im Blut messen, manche sogar noch nicht im Hausstaub, dennoch wirken sie auf unseren Körper ein (z. B. Pyrethroide).

2.2.7.4
Dioxine

Dieses stärkste Immun- und Nervengift ist heute in allen Menschen der Industrienationen vorhanden. Es schädigt in jeder Konzentration. Dieses Ultragift potenziert die Amalgamwirkung.

2.2.8
Aluminium

Manchmal verwenden Zahnärzte als Provisorium Aluminiumkappen. Amalgamkranke bekommen wegen Magenschmerzen oft jahrelang Aluminiummittel (je 2 Gramm), andere trinken viel Dosenmilch oder kochen in Aluminiumgeschirr. Amalgamvergiftete lagern Aluminium verstärkt im Körper ein. An Gedächtnisschwund Verstorbene (Morbus Alzheimer), hatten neben Amalgam hohe Aluminiumwerte im Gehirn.

Zu Lebzeiten haben viele Amalgamkranke neben Amalgam sehr hohe Aluminiumwerte im kranken Kieferknochen. Sie weisen extreme Gedächtnisstörungen nach einer Einwirkzeit von über 15 Jahren auf. Hohe Aluminiumwerte im Vollblut (evtl. Urin) weisen auf eine hohe aktuelle Belastung hin. Diese abzustellen ist wichtiger, als das Depot mit Gegengift (Desferal in den Muskel alle 6–12 Wochen) zu verringern.

Erfahrungsgemäß bringt bei einer chronischen Aluminiumvergiftung die Entfernung des Mitgiftes wie Amalgam durch DMPS dem Patienten mehr als die alleinige Entfernung von Aluminium durch Desferal.

Eisen wird durch Desferal stark vermindert, muß also bei Problemfällen im Auge behalten werden (vor allem bei Kindern im Wachstumsalter und Frauen).

Schlecht gebrannte Keramik kann viel Aluminium freisetzen. Nachweis im Kaugummitest.

2.2.9
Rauchen

Neben weit über 800 krebserzeugenden Substanzen (Dioxinen) im Zigarettenrauch und Cadmium, das in großen Mengen daraus aufgenommen wird und Nieren und Knochen schädigt (Osteoporose), ist es insbesondere das Formaldehyd, das den passivrauchenden Amalgamvergifteten objektiv stark schädigt.

Beim Passivrauchen werden viel mehr Gifte aufgenommen als beim Aktivrauchen. Hier werden Gifte durch die Hitze der Zigarette zerstört.

Schon nach 20 Minuten Passivrauchen kann der Gehalt der Abbauprodukte Ameisensäure und Methanol (s. Kap. 2.2.6.1 Formaldehyd) im Urin bedrohliche Ausmaße erreichen. Hoher Ameisensäuregehalt schädigt das Immunsystem, hoher Methanolgehalt das Nervensystem. Unsere Chemiegesellschaft schützt jedoch weder Kranke noch Kinder vor solchen Giften.

Tabak wird durch Waschen mit quecksilberhaltigen Mitteln haltbar gemacht. Solange Amalgamkranke noch selbst rauchen, verdienen sie sicher keine ärztliche Behandlung.

2.2.10
Alkohol

Der Amalgamkranke versucht oft, seine Vergiftungsanzeichen mit Alkohol zu überspielen (Unsicherheit, Schlafstörungen, Zittern).

Gefährlich sind hierbei nicht seltene Exzesse, sondern die häufigen kleinen Minimaldosen. Sie fördern die am Darm entstehenden Umbauprozesse in organisches Quecksilber, das bevorzugt bleibend ins Gehirn eingelagert wird. Dies und der zugleich damit gesenkte Zinkspiegel hemmen die Ausscheidung und fördern die Organspeicherung von Quecksilber (und anderer Gifte). Das sofortige Meiden von Alkohol verbessert merklich das Befinden des Amalgamkranken.

2.2.11
Autoabgase

Neben Blei, Platin, Palladium, Benzol, Methylalkohol, Formaldehyd sind unzählige nerven- und immunschädigende, krebserzeugende Substanzen in den Autoabgasen zu finden. Je höher die im Körper gespeicherte Amalgamkonzentration ist, desto stärker ist die Bleieinlagerung im Kieferknochen. Je mehr tote Zahnwurzeln mit Formaldehyd gefüllt sind, desto stärker ist die Formaldehyd-Stoffwechselstörung durch Aufenthalt im Stadtverkehr. Der Autofahrer atmet die giftigen Abgase der anderen Autos ein. Schon nach einer 20minütigen Autofahrt können erhebliche Mengen aufgenommener Gifte im Körper gemessen werden. Wohnungen an einer vielbefahrenen Autostraße weisen im gekehrten Hausstaub hohe Werte an Blei und Benzol auf.

Die Giftverstärkung geschieht sowohl über eine Organschädigung (Gehirn, Niere, Immunsystem, blutbildendes Knochenmark) als auch über eine Schädigung des Ausscheidungsmechanismus (Zinkmangel).

2.2.12
Andere Gifte

Unzählige andere Gifte (Nahrung, Kleidung) beeinflussen die Wirkung des Amalgams nachteilig (s. Handbuch der Umweltgifte, ecomed).

Ein Amalgamvergifteter, der mehr als 15 Jahre lang sein Gift aufnahm, wird nie genesen, wenn er nicht alle wichtigen Giftquellen zusammen erkennt und ausschaltet. Behörden kümmern sich nur um die Giftquelle, die jeder kennt und erkennt und deren Stillegung nicht zu aufwendig ist.

3
Erkennen

Bei Verstorbenen ist die Vergiftung leicht nachzuweisen, da dort die Quecksilberkonzentrationen in allen Organen exakt mit der Anzahl der Amalgamfüllungen im Mund übereinstimmen.

Zu Lebzeiten erkennt der Laie die Amalgamplomben an der schwarzen oder silbernen Farbe. Da das alleinige Entfernen der Füllungen aus dem Mund keine Amalgamvergiftung behandelt sondern nur die weitere Vergiftung stoppt, ist danach eine weiterführende Behandlung erforderlich. Das Wegbleiben von Krankheitszeichen nach einer Amalgambehandlung beweist, daß diese Symptome durch Amalgam verursacht waren. In der Regel denkt man an eine Vergiftung erst, wenn alle Therapien versagt haben (Psychotherapie).

3.1
Amalgamnachweise

Damit die Behandlung von den Krankenkassen bezahlt wird, ist es erforderlich, einen Beweis für die Amalgam-Vergiftung zu erbringen. Ein Raucher oder ein Alkoholiker, der mit seiner krankmachenden Droge aufhören möchte, braucht nur den Beweis einer Organschädigung zu erbringen. Vom Amalgampatienten verlangen jedoch unsere Krankenkassen bzw. Gerichte einen Beweis des **Giftes**, der **Giftaufnahme** und der **Giftwirkung**, die drei Voraussetzungen für eine Vergiftung, wenn er die Behandlung bezahlt bekommen möchte.

Heute müssen also Betroffene vor der Entfernung der Füllungen alle Teste zum Nachweis einer Vergiftung durchführen. Nur Krebskranke oder anderweitig Operierte können den Nachweis der chronischen Vergiftung noch nach 10 Jahren in dem so lange aufgehobenen Operationspräparat nachholen. Betroffene, die nur gesund werden wollen, werden nach einer korrekten Giftentfernung (unter Dreifachschutz) so wenig wie nötig Entgiftung durchführen, bis sie sich wohlfühlen.

Medium	Nachweis von	Sinn
Kaugummi	Abrieb im Mund	Juristisch
Urin nach DMPS in Vene	Akut-Speicherung	Quecksilberentgiftung: Patient Amalgambestandteile: Juristisch
Tumor	chronische Organspeicherung	Juristisch
Kieferknochen	chronische Organspeicherung	Juristisch
Zahnfleisch	chronische Organspeicherung	Juristisch
Hausstaub	Vergiftung der Zahnarztpraxis	Juristisch

Wenn sich die Krankenkassen hinter Grenzwerten verschanzen, ist der Patient gezwungen, vor Gericht alle Vergiftungsfolgen durch Amalgam nachzuweisen: Facharztbefunde (Psychiater), Besserung nach Sanierung.

BEI MISCHVERGIFTUNGEN GIBT ES KEINE GRENZWERTE.

Am leichtesten ist dies durch den Nachweis einer verstärkten Speicherung von Aluminium (Magenmittel), von Blei (Autofahren), von Cadmium (Kunststoffe), oder anderem.

Die Höhe der Quecksilberwerte im Kaugummitest entsprechen denen im Urin nach gespritztem DMPS.

3.1.1
Kaugummitest

Möglich ist der Test nach 10minütigem Kaugummikauen. So lange muß man den Speichel im Mund behalten. 2 Stunden vorher nichts mehr kauen. Je mehr und je schlechter das Amalgam, desto höher sind die beim Test im Labor gefundenen Werte im Kaugummi – im Speichel. Schwere Vergiftungen werden beobachtet, wenn die Konzentrationen von Quecksilber und Zinn zusammen über 50 µg/l betragen.

Nach Ansicht der Zahnärzte gibt es überhaupt keinen Wert, bei dem die Vergiftung gestoppt werden müßte. Es wurden bei vergifteten Patienten bis zu 4 Millionen µg Quecksilber pro Liter Speichel gemessen.

Wir halten jedes im Körper nachweisbare Giftdepot für schädlich. Trinkwasser wäre bei einem Quecksilbergehalt von 1 µg/l unverkäuflich, wobei dieses nachts, im Gegensatz zu Amalgamfüllungen, keinen Quecksilberdampf abgibt.

3.1.2
DMPS-Test

DMPS = Dimercapto-propan-sulfonat, ist ein Schwefelsalz, an das sich Quecksilber im Blut bindet, d.h. ein Metallsalzbinder. Bei einer chronischen Vergiftung kommt es zunächst zu einer schwallartigen Ausscheidung aller Gifte an Schwefel gebunden über die Niere und den Darm (auch Haut und Lunge). Zunächst werden die Gifte aus den Nieren und der Leber ausgeschieden. Danach kommt es zu einer »Sog«-wirkung auf die Speicherorgane, insbesondere auf das Gehirn.

Besonders die Hirnentgiftung wirkt oft wie das Öffnen einer Sektflasche. Die Umverteilung der Gifte aus Organen ins Blut, nachdem das Blut durch DMPS giftfrei war, benötigt bis zu 6 Wochen. Danach ist wieder die höchste Giftkonzentration im Blut, den Nieren und der Leber feststellbar.

Die DMPS-Spritze hat sich daher besonders gut bewährt.

Solange Amalgam im Mund ist, wird jedoch die Neuaufnahme des Giftes in den Organismus nach jeder DMPS-Gabe verstärkt, d.h., die Ausscheidung nimmt laufend zu.

Bei jeder Entgiftung müssen die Quecksilberwerte in Urin und drittem Stuhl gemessen werden.

3.1.2.1
Spritze Muskel/Vene

Spritzen in die Vene eignen sich besonders für die Diagnosestellung, weil die Aufnahme aus dem Blut in die Wirkorgane binnen 10 Minuten geschieht, in weiteren 10 Minuten die Niere und in 20 Minuten die Leber die wesentliche Giftmenge abgeben. Wird die Spritze in den Muskel gegeben, benötigt die Aufnahme von dort ins Blut weitere 15 Minuten. In der Urinportion ist ca. 45 Minuten, nachdem die Spritze in die Vene oder in den Muskel erfolgt ist, die größte Menge Gift nachweisbar.

Der Teil von DMPS, der über die Leber in die Galle ausgeschieden wird, scheidet von dort die Quecksilbermenge über den Stuhl aus, der in der Portion ab dem dritten Stuhl etwa gemessen werden kann. Dort ist in gefährlichen Fällen auch organisches Quecksilber nachweisbar.

Da durch die Spritze der Hauptanteil des Giftes über die Nieren ausgeschieden wird, sollte man in den extrem seltenen Fällen einer schweren Nierenerkrankung (Kreatinin über 4,5 mg/g) die Erstausscheidung über den Stuhl mit DMPS-Kapseln einleiten. Die Spritze in den Muskel scheidet die Gifte langsamer und länger und damit schonender aus. Allerdings sind die Meßergebnisse nicht so verläßlich und der Heilungseffekt für den Patienten nicht so auffällig – der oft erst durch das Gegengift erfährt, was Quecksilber u.a. im Körper bewirkte.

Bereits Neugeborene dürfen eine DMPS-Spritze erhalten (1 ml = 50 mg in den Muskel).

3.1.2.2
Nicht 24-Stunden-Urin

Bei dem Versuch, die hohen Giftspeicherungen Amalgamvergifteter auf dem Papier zu senken, kamen Erlanger Arbeitsmediziner auf die Idee, den DMPS-Test des Autors zu verfälschen. Obwohl DMPS nur 2–4 Stunden wirkt, empfahlen sie, den Gifturin mit der 25fachen Menge giftfreien Urins zu verdünnen – ein Verfahren, das nie bei einer bekannten Giftausscheidung verwendet wird. Alkoholsünder müßten nach dieser Methode nach einem tödlichen Verkehrsunfall in gleicher Art einen 24-Stunden-Alkohol bestimmt bekommen, anstelle der höchsten Konzentration gleich nach dem Unfall.

Kreatinin als Umrechnungsfaktor:

Wenn jemand wenig trinkt, hat er viele Gifte und einen hohen Kreatininwert im tiefgelben Urin, wenn jemand viel trinkt, hat er wenig Gifte im wasserklaren Urin. Um vergleichen zu können, mißt man immer auch den Kreatininwert und berechnet die Gifte auf 1 g Kreatinin, d.h., man teilt den Giftwert durch den Kreatininwert. Für den Organismus sind natürlich hohe Giftwerte im konzentrierten Urin langfristig schädlicher. Viel trinken ist bei jedem Nieren-Gift stets günstig.

Umrechnungsfaktoren: 24-Stunden-Wert   × 25 = Spontanurin
Kapselwert   × 3 = Spritzenwert
(da DMPS-Kapseln nur zu ca. 30% ins Blut kommen)
z.B. 3 Kapseln im 24-Stunden-Urin = 5 µg/g Kreatinin = 5 µg/g × 3 × 25 = 375 µg/g Kreatinin

Da Kassen den 24-Stunden-Urin-Test nicht zahlen, ist er bei chronischen Vergiftungen illusorisch.

Wir lassen den Urin 45–60 Minuten nach der Spritze untersuchen.

Weiteres Vorgehen:

Eine Besserung der Symptome ist zum Teil erst nach mehreren Mobilisationen spürbar.

Bei Weiterbestehen der Beschwerden sollte nach einer Ausscheidung von organischem Quecksilber im Urin geforscht werden, um sowohl ein Depot auszuschließen als auch eine Stoffwechselanomalie, bei der nach intravenöser DMPS-Spritze Quecksilber nur über den Stuhl ausgeschieden wird.

3.1.2.3
Organisches Quecksilber

Im DMPS-Test gibt uns der Anteil des organischen Quecksilbers (Methyl-Quecksilber) Auskunft über die Schwere der Organschäden, er ist abhängig von der üblichen Umbaurate.

1. Normalbefund

30% Methyl-Quecksilber

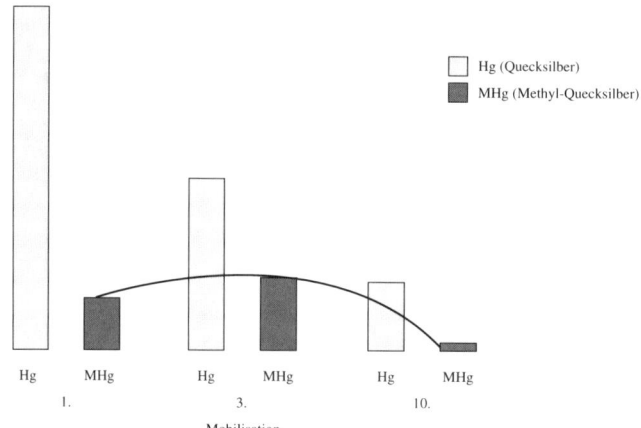

2. Schwere Organschäden

Bei schwersten Nervenschäden oder Krebs ist der hohe Anteil des organischen oder Methyl-Quecksilbers typisch (über 60%).

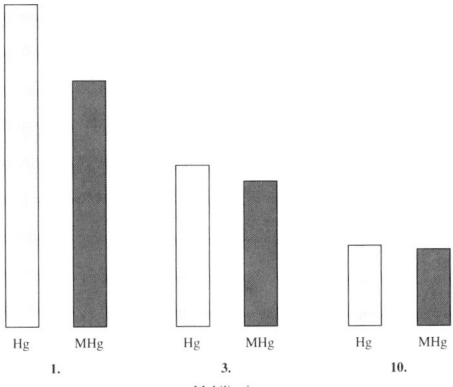

Hier ist die Entgiftung sehr wichtig. Anfangs möglichst Injektionen, später Kapseln oder DMSA-Pulver möglich.

3.1.2.4
DMPS-Kapseln

Das Bundesgesundheitsamt drängt seit 20 Jahren darauf, daß die Kapseln Dimaval für Amalgamvergiftete jederzeit rezeptfrei (!) in jeder Apotheke erhältlich sind – obwohl sie nur für die akute Quecksilber- und Arsenvergiftung mit einer Dosis von täglich 3 Kapseln beschriftet sind. Täglich 3 Kapseln wäre jedoch ein Wahnsinn bei einer Amalgamvergiftung, bei der das ganze Gift in den Organen gespeichert ist und nur ganz langsam herausgelockt werden kann. Vor der Einnahme von Kapseln müssen die Patienten eingehend aufgeklärt werden.

Kapseln werden unsicher über den Magen-Darm-Trakt aufgenommen und fördern die Giftausscheidung über den Darm (Stuhl) sehr stark, was bei entzündlichen giftbedingten Darmerkrankungen (Colitis ulcerosa, Morb. Crohn) unnötigerweise zu einem Entzündungsschub führen kann.

Eine Spritze, die die hauptsächliche Giftausscheidung über die Nieren bewirkt, würde dies vermeiden. Die Kapseln werden etwa zu einem Drittel ins Blut aufgenommen, müßten demnach dreifach stärker dosiert werden (10 mg statt 3 mg pro Kilogramm Körpergewicht) als die Spritze, um nicht durch die niedrige Dosis eine Allergieneigung zu verstärken. Die Kapsel-Gabe ist sehr viel teurer als die Spritzen, da die aufgenommene Gegengiftmenge die ausgeschiedene Giftmenge bestimmt.

Bei Psychosen (Schizophrenie) mit einer Stoffwechselstörung und einer erhöhten Quecksilberausscheidung über den Stuhl hat sich im Gegensatz dazu die häufige Gabe einer DMPS-Kapsel (Dimaval) sehr bewährt (zwei- bis dreimal pro Woche 100 mg). Dies ist jedoch eine Ausnahme.

3.1.2.5
DMSA-Test

DMSA ist ein Metallsalzbinder u.a. für Quecksilber, der fast nur über den Stuhl ausgeschieden wird.

DMSA eignet sich für Säuglinge und Kinder ohne eigenes Amalgam, nur zur Erkennung der Giftdepots durch die Mutter.

Säuglinge erhalten 100 mg, Kinder über 4 Jahre alt 200 mg des Pulvers. DMSA unterbricht den Giftkreislauf Leber – Darm und führt diese Gifte zur Ausscheidung. Durch die hohe Ausscheidung des organischen Quecksilbers kommt es zu einer Entgiftung des Gehirns. Die Giftausscheidung wird im dritten Stuhl nach dem Schlucken des Pulvers gemessen. Quecksilber wird zu 70% über den Stuhl, nach einer Spritze zu 82% über den Urin ausgeschieden.

Falls Quecksilber nachweisbar ist, oder sich durch die DMSA-Gabe Nerven- und Immunschäden verbessern, sollte diese Gabe in großen Abständen (6–12 Wochen) wiederholt werden.

3.1.2.6
Giftausscheidungen nach DMPS

Die Höhe der Giftausscheidung ist nur für Gesunde relevant. Für Kranke gilt bei allen Giften der Grenzwert Null.

Der Alkoholkranke mit Leberzirrhose kann mit 0,4 Promille sterben, obwohl er noch fast mit der doppelten Giftmenge im Blut ein Auto steuern darf (Grenzwert 0,8 Promille). Grenzwerte gelten nur für gesunde Erwachsene. Falls die Quecksilberkonzentration nach der DMPS-Spritze über 50 Mikrogramm im Urin liegt (umgerechnet auf 1g Kreatinin = µg/g Kreatinin = besserer Vergleich verschieden konzentrierten Urins, s. Kap. 3.1.2.2), weiß man, daß der Körper eine Hilfe zur Giftausscheidung braucht, damit nicht zuviel Gift im Hirn abgelagert wird. Dies gilt umso mehr, wenn die anderen Giftbestandteile des Amalgams wie Zinn, Kupfer, Silber oder auch andere Stoffe wie Aluminium, Formaldehyd u.ä. ebenso erhöht sind.

Durch die Gabe des Antidotes DMPS werden die Schwermetalle in folgender Reihenfolge ausgeschieden:

– Zink	– Blei
– Zinn	– Eisen
– Kupfer	– Cadmium
– Arsen	– Nickel
– Quecksilber	– Chrom

3.1.2.7
Kupferdepot

Bei jeder chronischen Metallvergiftung kommt cs dann zu einem relativen Kupferdepot, wie es im DMPS-Spritzentest (Kupfer über 500 µg/g Kreatinin) zu erkennen ist, wenn in der Zelle ein Zinkmangel besteht.

Anders ist ein Zinkmangel der Zelle nur zu erkennen, wenn man Zink in den weißen Blutzellen (Leukozyten) mißt.

Das Kupferdepot verschwindet erst, wenn alle giftigen Metalle (Arsen, Blei, Cadmium, Quecksilber, Wismut, Zinn u.a.) aus dem Körper entfernt sind und sich damit der Zinkmangel der Zelle wieder normalisieren konnte. Das Kupferdepot ist ein Indikator für eine Metallvergiftung.

DMPS senkt das Kupfer nicht direkt. Bei dem Kupferdepot der Zelle kann Kupfer im Blutserum und im 24-Stunden-Urin normal sein. Mit einer Kupfer-Speicher-Krankheit (Morb. Wilson) hat das nichts zu tun.

3.2
Leitsymptome

o Müdigkeit/Antriebslosigkeit
o Kopfschmerzen
o Bauchschmerzen
o Gedächtnisstörungen
o Schlafstörungen
o Schwindel
o Zittern
o Depressionen
o Nervosität
o Seh-/Hörstörungen
o Muskel-, Gelenkschmerzen
o Allergie
o Infektanfälligkeit
o Kiefergelenkbeschwerden
o Parodontose

3.3
Elektroakupunktur

Die Elektroakupunktur wäre wie die klassische chinesische Akupunktur eine gute Methode, um die Amalgamvergiftung zu erkennen.

Dabei gibt es für den Patienten jedoch zu große Unsicherheiten:

1. Ein Akupunkteur mit eigenem Amalgam täuscht sich leicht durch sein eigenes Störfeld.
2. Gold neben Amalgam macht die Messung unmöglich.
3. Der Patient hat nichts in der Hand, was er vorzeigen kann.
4. Die Akupunktur ist oft teuer.

Oft sind die Ergebnisse nicht anders als der Blick in den Mund des Patienten. Sehr oft sind sie jedoch falsch, insbesondere wenn das Amalgam entfernt ist. Der Autor würde deshalb niemals eine Elektroakupunktur empfehlen. Eine Giftentfernung mittels Elektroakupunktur ist nicht möglich, bei Elektrosensibilität sogar verboten. Die Schulmedizin gibt bessere und effizientere Methoden in die Hand des Mediziners.

3.4
Kiefer-Depots

Unterhalb der lange und nicht fachgerecht, d.h. mit Zementunterfüllung gelegten Amalgamfüllungen, liegen im Kieferknochen und Zahnhalteapparat große Amalgamdepots. Aus diesen werden die geschädigten Organe – insbesondere das Gehirn – noch jahrelang mit Gift versorgt. Die Erfahrung hat gezeigt, daß das Entfernen dieser Depots langfristig zu einer ungeheuren Befundbesserung führt. Die Organentgiftung sollte mit DMPS erst dann beginnen, wenn die Kieferdepots aus dem Knochen operativ entfernt wurden, da sonst ständig neues Gift aus den Depots in das Gehirn und andere Organe gelangt.

3.4.1
Zahnwurzel-Übersichtsröntgen

Erkennen kann man diese Depots auf einer Röntgenübersichtsaufnahme (Panoramaaufnahme) des Kiefers. Die Schwermetalle führen zu einer Knochenentzündung mit girlandenförmiger Umrahmung der Zahnwurzel bzw. scheibenartiger Verbindung der Wurzelspitzen von mehrwurzeligen Backenzähnen. Am Boden der Nasennebenhöhlen liegt ein mehr oder minder breiter gleichmäßiger Amalgamspiegel, darunter eventuell striemenartig ein Gold- bzw. Palladiumspiegel (s. Kap. 5.10 Metallunverträglichkeit). Bei einem breiten Metallspiegel im Röntgenbild des Gebisses muß wiederholt DMPS gespritzt werden, um die Ausscheidung zu ermöglichen. Diese Schwermetalldepots stellen sich auch im Magnetbild des Kopfes dar.

3.5
Magnetbild – Kopf

Auch in einer Magnetbild-(Kernspin-)aufnahme des Kopfes erkennt man die Herde der Kieferaufnahme in den Schnitten durch den Kiefer als weiße Flecken, d.h., dort schwingen die Magnetteilchen infolge der Metalldichte und Begleit-Entzündung nicht mit. Kleine Herde werden vom Röntgenologen nich befundet (UBOs, White matter lessions), hierbei ist größte Vorsicht beim Entfernen von Amalgam und Palladium erforderlich (3fach-Schutz, Kap. 5.1.2), andernfalls riskiert man eine Verschlechterung (Rollstuhl, MS) mit Vergrößerung der Herde. Nach der operativen Entfernung sind die Veränderungen im Röntgenbild und im Magnetbild nicht mehr nachweisbar. Wesentlich besser ist der Erfolg, wenn nach der Operation noch genügend DMPS verabreicht wurde. Das chirurgische Entfernen der Kieferdepots ist besonders wichtig bei Herden im Gehirn, die meist als Multiple Sklerose, Encephalitis disseminata, ED, toxische Encephalopathie o.ä. bezeichnet werden. Bei unseren am besten und erfolgreichsten behandelten Patienten wurden die Herde im Gehirn schon nach zwei Jahren deutlich geringer und die Lähmungs- und Ausfallerscheinungen an den Gliedern verschwanden völlig. Bei diesen Herden ist DMSA strengstens verboten. Metallherde kann nur ein Röntgenologe erkennen, der sich selbst mit der Materie vertraut gemacht hat (Panoramaaufnahme + TOX-Befunde) oder über eine computergesteuerte Auswertung verfügt.

3.6
Zahnschema

Nerven, die durch den Kiefer ziehen, haben über das Gehirn eine Verbindung mit anderen Körpernerven. Riechnerven, Augennerven und Trigeminus sind besonders betroffen.

3.6.1
Zahnherd

Zahnherde sind Stoffwechselstörungen durch örtliche Gifte und Umweltgifte. Einen Zahnherd spürt man, wenn man sich an einen Zahn, der in der Kieferaufnahme »beherdet ist«, d.h. Entzündungen durch Bakterien, Pilze oder Gifte aufweist, ein örtliches Betäubungsmittel spritzen läßt. Nach ca. 20 Minuten spürt man plötzlich das durch den Herd betroffene Gebiet (z.B. Knie, Wirbelsäule, Auge usw.; Neuraldiagnosen). Die jeweils dem Zahn zugehörigen Organe sind im folgenden Schema aufgezeichnet. Schwierig ist dabei nur: die Zähne haben eine Verbindung rechts und links, unten und oben, vom Gaumen oder der Zungenfläche her, abhängig von der beherdeten Wurzel. Bei dreiwurzeligen Zähnen können z.B. auch eine oder zwei Wurzeln beherdet sein (unauffällige Vitalitätsprüfung).

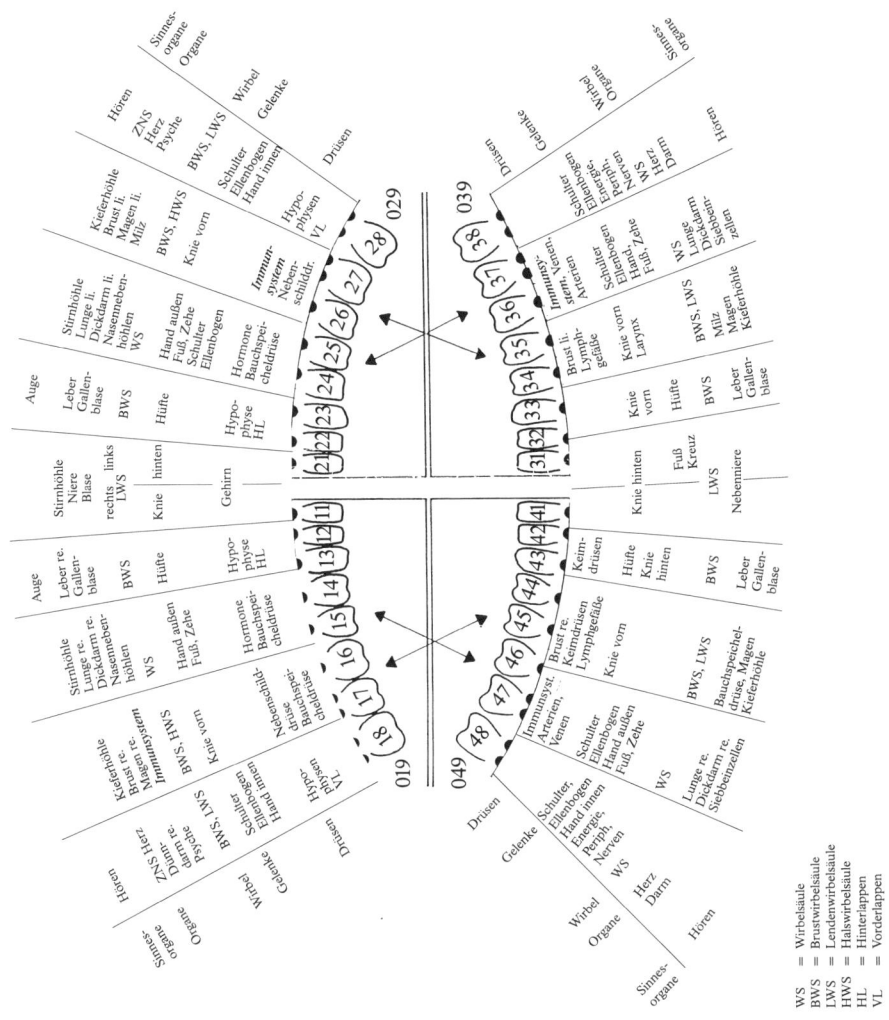

Für einen Herd typisch ist ein toter Zahn, tiefsitzendes Amalgam (zahnwurzelnah), Amalgam unter Gold, Amalgamsplitter im Kiefer oder unter der Wurzel, aber auch Bakterien und Gifte, die im zahnlosen Kiefer eingeschlossen wurden. Dies ist die häufigste Ursache für einen chronischen Zinkmangel, Rheuma und Herzbeschwerden. Einseitige Zahnherde führen zu einer einseitigen Hirnschädigung mit einer Körperschwäche auf der anderen Seite.

| Herdort: | Zähne, Mandeln, Blinddarm, Galle, Narben, Kieferhöhle, Siebbeinzellen |

Entzündungsstadium:	I.	Verborgen – vorhanden, ohne Symptome
	II.	Ausgebrochen – mit akuten Organschäden
	III.	Irreversibel – bleibende Organschäden

Diagnose:	1.	Röntgen, Magnetbild, Funktionsdiagnostik, Neuraldiagnose
	2.	Abstrich bakteriologisch und auf Pilze
	3.	Giftdiagnose (MEA)

Erkrankung	möglicher Zahnherd
Allergien	15, 25, 35, 45
Amyotrophe Lateralsklerose	18, 28, 38, 48, 11, 12, 21, 22
Arterien, Venen	36, 37, 46, 47
Asthma	16, 26
Bauchspeicheldrüse	16, 17, 44, 45
Brust	16, 17, 26, 27, 34, 35, 44, 45
Brust-/Lendenwirbelsäule	18, 28, 34, 35, 44, 45
Colitis	14, 15, 24, 25
Diabetes mellitus	14, 24
Dickdarm / Dünndarm	18, 28, 36, 37, 38, 46, 47, 48, 14, 15, 24, 25
Drüsen	18, 28, 38, 48
Ellenbogen	18, 28, 36, 37, 38, 46, 47, 48
Energie	38, 48
Fuß, Zehen	14, 15, 24, 25, 46, 47, 36, 37, 31, 32
Gallenblase	13, 23, 33, 43
Gehirn	11, 12, 21, 22
Hände (außen)	36, 37, 46, 47, 14, 15, 24, 25
Hände (innen)	18, 28, 38, 48
Herz	18, 28, 38, 48
Hirnherd	11, 12, 21, 22
Hormone	14, 15, 24, 25
Hüfte	13, 23, 33, 43
Hypophysen-Hinterlappen	13, 23
Hypophysen-Vorderlappen	18, 28
Immunsystem	16, 17, 26, 27, 36, 37, 46, 47
Keimdrüsen	43, 44
Kieferhöhle	16, 17, 26, 27, 34, 35, 44, 45
Knie (hinten)	31, 32, 33, 41, 42, 43
Knie (vorn)	16, 17, 26, 27, 34, 35, 44, 45
Krebs	Alle, besonders 36, 46
Kreuz	31, 32
Leber	13, 23, 33, 34
Lunge	14, 15, 24, 25, 46, 47, 36, 37
Lymphgefäße	34, 35, 44, 45
Magen	16, 17, 26, 27, 34, 35, 44, 45
Milz	26, 27, 34, 35
Multiple Sklerose	18, 28, 38, 48, 11, 12, 21, 22
Nasennebenhöhlen	14, 15, 24, 25
Nebenniere	41, 42, 31, 32
Nebenschilddrüse	16, 17, 26, 27
Niere	11, 12, 21, 22
Ohren	18, 28, 38, 48
Psyche	18, 28, 38, 48
Rheuma	Alle
Schulter	18, 28, 36, 37, 38, 46, 47, 48
Stirnhöhle	11, 12, 14, 15, 21, 22, 24, 25
Stirnnebenhöhlen	36, 37, 46, 47
Wirbel und Gelenke	18, 28, 38, 48
Wirbelsäule	14, 15, 24, 25, 36, 37, 38, 46, 47, 48
Zentrales Nervensystem	18, 28, 38, 48, 11, 12, 21, 22

Behandlung: Bei einem Zahnherd kommt es nach dem technisch korrekten Zahnziehen mit Herdausfräsen zu einer wesentlichen Befundbesserung und ab dem 3. Tag zu starken Beschwerden der Herdorgane, die sich langsam bessern. Alte Herde müssen mehrmals im Abstand von ca. 6 Monaten operativ eröffnet und nachgereinigt werden, wenn die Organbeschwerden wieder unerträglich wurden.

3.6.2
Herdreiz

Zur Erkennung der durch einen entzündeten Kieferknochen bedingten Organschäden kann die im Röntgenbild veränderte Zahnwurzel vom Mund aus mit dem örtlichen Betäubungsmittel (ohne Gefäßverengungsmittel und ohne Konservierungsmittel) angespritzt werden, die sogenannte »Neuraltherapie«.

Wenn der entzündete Zahn die Ursache einer Schädigung des Endorganes ist, dann schmerzt nach Betäubung des Zahnherdes das entzündete Endorgan. Falls nach dreimaligem Ausspritzen des Zahnherdes im Abstand einer Woche bzw. durch Laserbehandlung das Endorgan nicht wesentlich gebessert ist, muß der Herd saniert werden, d.h. der Zahn gezogen und die Zahnhöhle ausgefräst und mit Terracortril-Streifen so lange versorgt werden, bis der Knochen von der Extraktionswunde zur Mundhöhle zuwächst.

3.7
Zahnwurzel

Die chronische Giftaufnahme der letzten Jahre oder Jahrzehnte wird am besten in der Zahnwurzel gemessen. Am leichtesten ist die Messung der Metalle. Im toxikologischen Labor wird die abgetrennte Wurzelspitze pulverisiert und in der Atom- und Massenspektrometrie auf 54 Metalle untersucht, wovon 12 wichtige im Befund ausgedruckt werden.

Kraß erhöht sind meist die Zahngifte. Für das Erkennen und Vermeiden von Umweltgiften sehr wichtig sind Blei, Cadmium, Formaldehyd und Aluminium. Da Zink zur Ausscheidung dieser Schwermetalle nötig ist, ist die Zinkkonzentration im Zahn ein Maß dafür, wieviel »Gegengift« für die gesamten bisherigen Schwermetalle nötig war.

Extrem gifthaltige Zahnwurzeln bleiben stets Herde. Die einzig mögliche Behandlung ist, sie zu entfernen und auszufräsen.

Kein Zahn darf weggeworfen werden. In rechtlichen Zweifelsfällen muß er auf Gifte untersucht werden. Von der Zahnwurzel können Rückschlüsse auf die Vergiftung im umgebenden Kieferknochen gezogen werden. Untersuchungen von Kieferknochen sind empfehlenswert. Sie zeigen den Belastungsgrad des gesamten Organismus.

3.7.1
Bakterien – Pilze

Da sich um stark vergiftete Zahnwurzeln im Kieferknochen gefährliche Bakterien (Viren) und Pilze befinden, kann der Zahnarzt Abstriche anfertigen (Wattebausch im Nährboden) oder die Zahnwurzel untersuchen lassen. Das zu untersuchende Material wird in sterilen Glasröhrchen ins Labor geschickt. Dann sollte der Zahnarzt die Wunde mit Gazestreifen und Terracortril offenhalten damit Gifte und Bakterien herauswachsen können.

3.8
Metallunverträglichkeit

Amalgam führt langfristig im Kiefer auch zu einer Unverträglichkeit gegenüber anderen Metallen – was man erst bemerkt, wenn man neue Metalle in den Mund bekommt, z.B. Palladium in Goldfüllungen oder Nickel-Chrom-Molybdän in Klammern einer Teilprothese oder im Unterbau von Kronen und Brücken. Nach dem Herausbohren von Amalgam empfahlen die Zahnärzte unseren Kranken meist (Bio-) Goldlegierungen. Dies ist wegen des nicht entfernbaren Amalgams im Kieferknochen bzw. Gehirn und anderen Organen streng verboten, da Gold jede Ausscheidung von Amalgam stoppt (magnetähnliche Wirkung).

Im Zahnwurzel-Übersichtsröntgen und im Magnetbild des Kopfes kann man die Entzündungsherde um die Metalle erkennen. Die Zeichen sind Rachen- und Zungenbrennen, vermehrter Speichelfluß, Nebenhöhlenerkrankungen, hochroter Zahnfleischrand, Geschwüre am Zahnfleisch, Geschmacksbeeinträchtigung, metallischer Geschmack, Nervenentzündungen, evtl. Nervenausfall mit Lähmungen, Zahnschmerzen, Kopfschmerzen, Depressionen, Elektrosensibilität.

Alle Metalle lassen sich im Kaugummitest nachweisen. Gegengifte helfen nicht, nur die Entfernung und das dauerhafte Meiden aller Metalle. Provisorische Übergangslösungen aus Kunststoff haben sich hier bewährt.

3.9
Teste – Übersicht

Gift	Teste	Asservat
Amalgam	Kaugummi, DMPS (Kinder DMSA), Zahnwurzel, Kieferknochen, Zahnfleisch	KK, Zfl, Z, Sp II, UII, St
Aluminium	Kaugummi, Desferal, Zahnwurzel, Kieferknochen, Zahnfleisch	SpII, UII, Z, KK, Zfl
Arsen	DMPS, Zahnwurzel, Kieferknochen, Zahnfleisch	UII, Z, KK, Zfl
Autoabgase	Kohletest, Staub, Zahnwurzel, Kieferknochen, Zahnfleisch	Ass., KK, Zfl
Blei	Staub, DMPS, Zahnwurzel, Kieferknochen, Zahnfleisch	Ass., UII, Z KK, Zfl
chem. Reinigung	Kohletest	Ass., Fu
Cadmium	Kaugummi, Staub, DMPS	SpII, Ass., UII, Fu
Chrom	Staub, EDTA, Zahnwurzel, Kieferknochen, Zahnfleisch	Z, KK, Zfl
Farben	Kohletest	Luft, Fu
Formaldehyd	Folsäure-/Folinsäure, Passivrauchen, Zahnwurzel, Tumor	FU, Z, T
Holzgifte	Staubtest, Paraffinöltest	Ass., St
Kobalt	EDTA, Zahnwurzel, Kieferknochen, Zahnfleisch	UII, Z, KK, Zfl
Kohlenwasserstoff	Kohletest	Ass.
Kupfer	DMPS, Zahnwurzel, Kieferknochen, Zahnfleisch	UII, Z, KK, Zfl

Gift	Teste	Asservat
Lacke	Kohletest	Ass.
Lösemittel	Kohletest	Ass.
Metallprothesen	Kaugummi (Nickel, Chrom, Palladium)	SpII, Z, KK, Zfl
Nickel	Antabus, Hausstaub, EDTA, Zahnwurzel, Kieferknochen, Zahnfleisch	UII, Ass., Z KK, Zfl
Palladium	Kaugummi, Zahnwurzel, Tumoren, Kieferknochen, Zahnfleisch	SpII, Z, KK, Zfl, T
Pentachlorphenol	Staub	Ass
Plutonium	EDTA	UII
Quecksilber	Speicheltest, DMPS, Zahnwurzel, Tumoren, Kieferknochen, Zahnfleisch	SpII, Z, KK, Zfl, T
Reinigungsmittel	Kohletest	Ass.
Selen	EDTA, Zahnwurzel, Kieferknochen, Zahnfleisch	UII, KK, Zfl, Z
Thallium	Berliner Blau	UII, St
Titan	Kaugummi, Zahnwurzel, Kieferknochen	SpII, KK
Vanadium	EDTA, Zahnwurzel, Kieferknochen, Zahnfleisch	UII, Z, KK, Zfl
Verdünner	Kohletest	Ass.
Wismut	DMPS, Zahnwurzel, Kieferknochen, Zahnfleisch	UII, Z, KK, Zfl
Wohngifte	gekehrter Staub, Kohletest	Ass
Zinn	EDTA, Zahnwurzel, Kieferknochen, Zahnfleisch	UII, Z, KK, Zfl
Zink	DMPS, Zahnwurzel, Kieferknochen, Zahnfleisch	UII, Z, KK, Zfl

Legende:

Ass.	=	Asservat, z.B. aufgekehrter Staub
Desferal	=	Gegengift
DMPS	=	Gegengift
DMSA	=	Gegengift
EDTA	=	Gegengift
Fu	=	Folsäureurin (in Essigsäure)
KK	=	Kieferknochen
SPII	=	Speicheltest unter Kaugummikauen
St	=	Stuhl am dritten Tag nach Gegengift
T	=	Tumor
UII	=	Spontanurin nach Gegengift
Zfl	=	Zahnfleisch
Z	=	operat. entfernte Zahnwurzel

4
Vermeiden

Erstes Gebot bei allen gesundheitschädlichen Stoffen ist das Vermeiden. Karies ist eine Stoffwechselkrankheit, die an der Wurzel zu packen wäre (z.B. meiden von eingeatmeten Giften). Quecksilber in die Löcher zu stopfen, bedeutet Stoffwechselgeschädigte sicher weiter zu schädigen.

AMALGAM IST STETS GIFTIG.

Jede noch so kleine Amalgamfüllung ist zu vermeiden.
Besser:
Milchzähne: Zement oder Charisma
Bleibende Zähne: Bio- Gold (Gußfüllung, Kronen); nur als Erstversorgung, nicht nach Amalgam.
Erwachsene können auch Füllungen aus Kunststoff (Charisma) erhalten. Dieses Füllmaterial wird von Krankenkassen bezahlt.

Bis zur korrekten Amalgamsanierung:

– Nichts fest kauen, Kaugummi verboten
– Keine heißen Getränke oder Speisen
– Kein Essig
– Keine fluorhaltige Zahnpaste
– Metallprothesen und Zahnspangen weglassen
– Kein Vitamin C (Fruchtsäfte) oder Selen
– in der Schwangerschaft nur viel Zink

Amalgamvergiftete müssen korrekt entgiftet werden. Das Herausbohren von Amalgamfüllungen ohne jeglichen Schutz würde einer Giftaufnahme gleichkommen, die einer Verweilzeit von etwa 10 weiteren Jahren entspricht. Dabei eingeatmete Quecksilberdämpfe führen im Gehirn zu bleibenden Schäden. Wichtiger als eine **rasche** Amalgamentfernung ist daher eine **schonende** Behandlung. Falls die Zahnwurzel durch Gifte geschädigt oder der Zahn tot ist, was man in der Röntgen-Übersichtsaufnahme erkennen kann, sollte nach der Amalgamsanierung der Zahn gezogen und das umgebende Fach gesäubert werden.

4.1
Kofferdam

Dabei handelt es sich um ein Gummischlitztuch, das geeignet ist, die Quecksilberdämpfe beim Bohren abzuhalten, damit sie nicht ins Gehirn gelangen und das Schlucken des Staubes zu verhindern.

Englische Ärzte bezeichnen es seit Jahren als Grundvoraussetzung für die Amalgamentfernung. Erfahrene Zahnärzte legen dieses Tuch problemlos vor der Amalgamentfernung. Ungeübte können dabei große Schwierigkeiten haben.

4.2
Sauerstoff

Vorgeschädigte oder sehr Empfindliche sollten vorsichtshalber während des Amalgamentfernens frische Luft im Überdruck oder besser Sauerstoff anstelle einer quecksilbervergifteten Luft einatmen (Nasenbrille). Es sollte mit großem Druck (8 Liter) in die Nase kommen. Bei Vergiftungen durch andere Metalle (Palladium) hat sich auch das Entfernen unter Sauerstoffgabe bewährt.

4.3
Medikamente

Um die beim Amalgambohren trotz aller Vorsichtsmaßnahmen verschluckten und eingeatmeten Gifte (Quecksilber und Zinn) zu binden und aus dem Körper auszuscheiden, ehe sie in gefährdete Organe (Gehirn) gelangen und eingelagert werden können, gibt man:

DMPS oder DMSA-Kapseln 2 Stunden vor jedem Bohrtermin (100 mg).

Natriumthiosulfat (10 – 40%ig) ein Schluck (ca. 10 ml) nach dem Bohren zum Spülen des Mundes, anschließend einen Schluck zum Trinken.

Nach dem Bohren muß viel Wasser und Vorzugsmilch getrunken werden.

4.4
Zahn ziehen

Bei schwer Vergifteten, d.h. mit ernsten Organschäden, Nervenschäden, bei wurzelnahen Amalgamfüllungen, bei Metallherden unter der Wurzel oder bei älteren Patienten, sollten amalgamgefüllte Zähne nach dem Abschneiden von Amalgam gezogen werden, die Zahnhöhle ausgefräst und mit einem speziellen Salbenstreifen (Terracortril) am schnellen Zuheilen gehindert werden (s. Kap. 5 Behandeln).

4.5
Schwangerschaft

In der Schwangerschaft ist jegliche Arbeit am und mit Amalgam strengstens verboten. Schmerzhafte Zähne müssen gezogen werden. Quecksilber kann zu Mißbildungen führen und Totgeburten auslösen. DMPS ist nicht zu empfehlen, da man zu wenig darüber weiß. Wenn während der Schwangerschaft zusätzlich DMPS gegeben wurde, können evtl. auftretende spätere Schäden fälschlicherweise auf das DMPS geschoben werden. Alternative ist hier eine Zinkzufuhr. Zink scheidet nur Quecksilber außerhalb der Organe aus. Das Blut zum Kind im Mutterleib enthält jedoch mindestens die sechsfache Konzentration des Quecksilbers im mütterlichen Blut. Zink unterbindet diese Giftübergabe.

Dosierung: 2 – 2 – 2 Drg Unizink

Bei zu niedrigem Zink in den Blutkörperchen muß mit einer Frühgeburt gerechnet werden, wenn man nicht ausreichend Zink zugeführt hat.

Zusätzlich muß alles unternommen werden, um keine zusätzliche Amalgamfreisetzung in den Körper auszulösen:

1. keine fluorhaltigen Zahnpasten
   (Fluorquecksilber geht rasch ins Gehirn)
2. Zahnputzwasser gründlich und schnell ausspülen
3. keinen Kaugummi kauen
4. Knirschschiene bei nächtlichem Zähneknirschen
5. keine heißen Getränke
6. keine sauren Speisen (Essig)
7. nicht rauchen
8. Fruchtsäfte und heiße Getränke nur mit Strohhalm trinken

4.5.1
Stillzeit

In der Stillzeit ist DMPS sogar sehr zu empfehlen, da das Kind gleich mit entgiftet wird. Vor jedem Heraus-bohren von Amalgam muß DMPS gegeben werden. Unmittelbar nach dem Herausbohren soll dem Kind keine Muttermilch gegeben werden. Die Milch auf Quecksilber untersuchen lassen.

4.6
Metalle

Unter ca. 80% der Goldkronen ist Amalgam als Aufbaufüllung. Am besten läßt man eine ohnehin defekte Krone erneuern, dann weiß man, ob Amalgam als Aufbaufüllung verwendet wurde. Gold ist der Gegen-spieler zu Amalgam. Beides zusammen darf nie im Mund oder Kieferknochen sein (Galvanisches Element).

4.7
Fehler

Alle Gifte, die die Amalgamwirkung verstärken (siehe Kapitel 2.2), müssen erkannt und vermieden werden, wenn man längere Zeit Amalgamgeschädigten effektiv helfen will.

Die ungeschützte Amalgamsanierung, das Austauschen der Füllungen mit giftigen palladiumhaltigen Legierungen oder das Belassen formaldehydbehandelter, toter Zähne führen zu Krankheiten.

Auch wird die bestehende Giftwirkung verstärkt durch:

Phosphorsäure beim Zahnätzen – statt Zitronensäure oder Oxalsäure
Mercurius solubilis homöopathisch – statt DMPS
Sofort Gold anstelle von Amalgam – statt Kunststoff oder Zement
Metallprothesen – statt Kunststoffprothesen
Eugenol (Nelkenöl) – statt reinem Zinkoxid oder Calciumhydroxid
Prothesen mit freien Monomeren – statt ausgekochten Kunststoffen
entzündete Zahnfächer zunähen – statt offenhalten
Jodoformstreifen oder CHKM – statt Salbenstreifen
Amalgam-Bohren mit Turbine und Diamant – statt Winkelstück mit scharfem Hartmetallbohrer
Selen – statt DMPS oder Zink
DMSA – statt DMPS bei Hirnherden im Magnetbild

5
Behandeln

Quecksilber wird aus den Speicherorganen ohne äußere Hilfe nur extrem langsam ausgeschieden. Die Hälfte ist aus dem Gehirn nach etwa 20 Jahren ausgeschieden, aus dem Kieferknochen nach etwa 80 Jahren. Ein Verkürzen der Entgiftungszeit ist nur mit einer speziellen Chemikalie möglich.

Nur DMPS beschleunigt die Giftausscheidung etwa um das zwanzigfache. Zink fördert die Ausscheidung des <u>nicht</u> gespeicherten Giftes. Homöopathika oder Selen ändern nichts am Giftspiegel.

Wichtig ist daher bei Schwerkranken, daß das Gift möglichst früh, möglichst gründlich und möglichst schonend aus dem Kiefer entfernt wird. Wirkungsvoll und risikoarm ist dabei nur die operative Entfernung. Nach dem Ziehen eines chronisch vergifteten Zahnes mit seiner Wurzel muß das Schwermetalldepot mit dem zerstörten Knochen ausgefräst werden. Damit sich die Wundhöhle nicht sofort wieder verschließt und damit alle Fremdbestandteile (Gifte, Bakterien, Pilze) wieder eingeschlossen werden, muß diese mit einem salbengetränkten Stoffstreifen (Gaze) möglichst lange (über 2 Wochen lang) offen gehalten werden. Biologisch arbeitende Zahnärzte erprobten, daß Terracortril-Salbe (Cortison und Antibiotika) dafür das einzige geeignete Material sei (Terracortril-Augensalbe 10,0, Gazestreifen 1cm x 5 cm; steril). Es wurde bewiesen, daß Terracortrilstreifen im Kieferknochen keine Nekrosen hervorriefen. Der Streifen sollte mindestens jeden 3. Tag erneuert werden. Von der zweiten bis sechsten Woche ist der Streifen trocken, d.h. ohne Salbe. Geschickte Patienten machen dies leicht selber, wenn man es ihnen gezeigt hat. Ungläubige Zahnärzte sollten die ersten Male einen sterilen Wattebausch in die Wundhöhle eines frisch gezogenen Zahnes tauchen und ihn in ein bakteriologisches Labor zur Untersuchung auf Bakterien und Pilze senden. Meist werden an gezogenen Zahnwurzeln mehrere krankmachende Bakterien und/oder Pilze gefunden. Besonders dann ist das lange Offenhalten der Wunde mit obigem Antibiotikum wichtig. Wenn die Wundreinigung gut erfolgte, bessern sich die Organschäden, die von dem betreffenden Zahnherd ausgingen, schlagartig (z.B. Schultergelenk vom ersten breiten Backenzahn). Nach Reihenextraktionen sollten in jedem Fall Provisorien angefertigt werden, um das Kiefergelenk nicht zu schädigen und keine Gesichtsschmerzen hervorzurufen.

5.1
Zeitschema

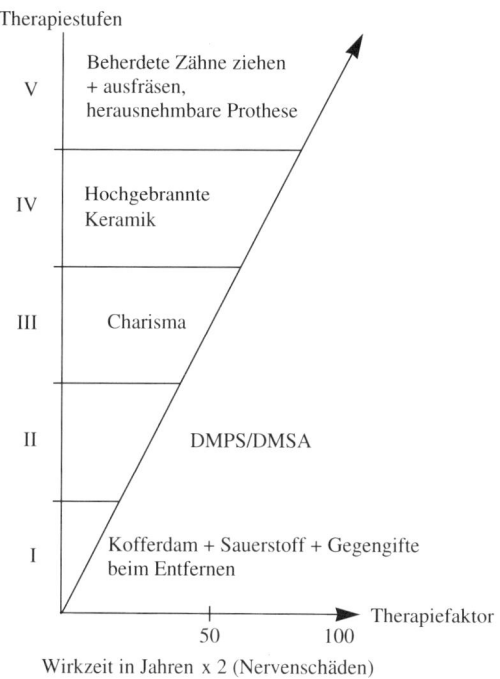

5.1.1
Medikamente – Übersicht

Krankheit/ Symptom	DMPS Spritze	DMPS Schnüffeln	DMPS Kapsel	DMSA	Zink	Selen	Gingko
Allergie	+	–	(+)	+	+	–	
Antriebslosigkeit	+	+	+	+	+	–	+
Bauchschmerzen	+		–	–			
Blasen-entleerungsstörg.	+		+	+	+		
Blutbild-veränderungen	+		+	+	+	–	
Depressionen	+	++	+	+	+	–	+
Psychose	(+)	+++	+	++	+	–	+
Durchfälle	+		–	–	+ i.v.	–	
Epilepsie	+	+	+	++	+	–	+
Gedächtnis-störungen	+	++	+	++		–	+++
Gelenkschmerzen	+		+	+	+		
Haarausfall	+		+	+	+++	–	
Herzinfarkt, Herzrhythmusst.	+		++	–	+	(?)	
Infektanfälligkeit	+		+	+	++	(?)	
Infertilität, Unfruchtbarkeit	+		+	+	i.v.	–	
Kopfschmerzen	+	–	+	+	+	–	++
Krebs	+		+	+	+	(?)	
Lähmungen, MS	+	++	++	–	–	–	+
Muskelschwäche	+		++	–	+	–	
Nervenschmerzen u. Nervenschwäche	+	+	+		+	–	+
Schwangerschaft	–	–	–	–	++	–	–
Schwindel	+	+	+	++	+	–	+++
Seh-, Hör-, Sprachstörungen	+	+	+	++	+	–	+
Zittern	+	++	+	++	+	–	+

+	geeignet
++	vorzuziehen
+++	am besten geeignet
–	verboten
(?)	besser nicht

5.1.2
Amalgamsanierung

AMALGAM NICHT SCHNELL, SONDERN SCHONEND ENTFERNEN.

Vorbereitung:
– Kaugummitest auf Quecksilber und Zinn zur Abschätzung der derzeitigen Vergiftung (eine schwere Vergiftung liegt vor, wenn die Summe der Quecksilber- und der Zinnkonzentration über 50 µg/l beträgt) und zum Vergiftungsbeweis.
– DMPS-Test als Spritze zur Entgiftung der Uralt-Speicherung bei:
  schweren Nervenschäden (Lähmungen, Erblindung, Ertaubung), Immunschäden (Glatzenbildung, Krebs, AIDS) mit Messung von Quecksilber, Kupfer und Zinn.
– Ein weiches Panorama-Röntgenbild (OPT) aller Zähne anfertigen. Feststellung des Metallspiegels.
– Bei Muskelschwäche oder Lähmungen stets ein Magnetbild des Kopfes (Kernspin) anfertigen. Bei kleinen Flecken im Großhirn darf kein Amalgam herausgebohrt, sondern nur der amalgamgefüllte Zahn nach Abschneiden der Amalgamspitze gezogen werden.
– Alle Vergiftungszeichen vorher durch Facharztbefunde (Nerven-, Hautarzt u.a.) belegen.

AMALGAMSANIERUNG NUR MIT DREIFACHSCHUTZ!

Amalgamsanierung:
Unbedingt durchführen mit:
1. Kofferdam (Gummischlitztuch), mit Mikromotor und Schnelläufer, starkem Absauger, nicht bohren, nur trennen und tief im Gesunden ausschälen (im Kontrollröntgen dürfen keine Metall-Reste sein!)
2. Mit Sauerstoffflasche oder Frischluftzufuhr über die Preßluftleitung mit Brille zum Schutz vor Quecksilber-Zinndämpfen (8 Liter pro Minute).
3. DMPS (DMSA) 1 Kaps. jeweils 2 Stunden vorher. Zuletzt wird mit einem Schluck Natriumthiosulfat (10–20 ml 10%ig, Dr. Köhler Chemie) gespült und zuletzt ein Schluck getrunken. Ohne vorherige DMPS-Spritze erfolgt die Sanierung deshalb nur langsam quadrantenweise.

WIE ASBEST MUSS AMALGAM FRÜHESTMÖGLICH UNTER SCHUTZ
(DREIFACH) RESTLOS ENTFERNT WERDEN.

Nach der Amalgamsanierung:
– Alle toten Zähne ziehen, toxikologisch auf Formaldehyd, Arsen, Quecksilber, Bakterien und evtl. Palladium untersuchen lassen.
– Weisheitszähne ziehen, Zahnsäckchen entfernen.
– Amalgamgefüllte Zähne mit Wurzeleiterung (kolbenförmig aufgetrieben, perlschnurartige Knochenumwandlungen) ziehen (zuerst Oberkiefer, dann Unterkiefer), schwermetallinfiltrierte Knochenpartien ausfräsen, 2–4 Wochen lang Gazestreifen mit Terracortril-Salbe zum Offenhalten der Höhlung (sehr wichtig!!), untersuchen lassen. Toxikologische Untersuchung siehe oben.
– Bei Vorliegen von Tumoren (Krebs u.a.), diese auf die Amalgambestandteile Quecksilber, Zinn und Silber untersuchen.

STETS GEZOGENE ZÄHNE AUF GIFTE UND EITER UNTERSUCHEN!

– Nach Amalgamausbohrung Charisma (Fa. Kulzer) oder bei Formaldehydunverträglichkeit Zement als Langzeitprovisorium einsetzen bis Vergiftungssymptome wesentlich gebessert bzw. Metallspiegel im Kiefer verschwunden sind.
– Bei Immun- und Nervenschäden Entgiftung mit DMPS: um Allergien zu vermeiden, selten, aber hoch dosiert nehmen. Alle 6 Wochen eine Ampulle DMPS in den Muskel spritzen. Bei Nierenschwäche 1 Kapsel DMPS/Woche auf nüchternen Magen.

– Bei Hirnherden an einer offenen Amp. DMPS wöchentlich einmal je dreimal schnüffeln.
– Bei Zinkmangel: Unizink (0 - 1 - 2 Drg./Tag).
– Nie Selen !

> **NUR ALTERNATIVEN VERWENDEN, DIE IM ALLERGIETEST
> VERTRÄGLICH WAREN.**

5.2
Kieferdepots

Amalgam erhöht die Widerstandsfähigkeit von Bakterien und Pilzen und führt zu chronischen Entzündungsherden im Kieferknochen. Da sich das Amalgam im ganzen Kiefer (oben und unten) verteilt, können alle Zähne befallen sein. Durch Knochenherde schrumpft der Knochen.

5.2.1
Kontroll-Übersichtsröntgen

Falls die Wundreinigung bzw. das Offenhalten nicht korrekt durchgeführt wurden (s.o.), sieht man auf einer Panorama-Aufnahme nach 3–6 Monaten wieder entweder weiße Bezirke (Metalle) oder schwarze Flecken (Bakterien). Bei systemisch Erkrankten oder stark belastetem Kiefer dauert die Wundreinigung länger.

Wenn der Zahnarzt nach örtlicher Betäubung schmerzfrei das Zahnfleisch aufklappt, dann fällt er mit seinem Instrument an der im Röntgenbild vorher erkannten Stelle in weiches Gewebe, da sich dort kein Knochen gebildet hat.

Diese erkannten Veränderungen im Kieferknochen wirken wie ein Störfeld und man bezeichnet sie als Herd. Im ungünstigsten Fall muß die Prozedur bis zu 10mal in Abständen wiederholt werden, bis der Patient gesund ist. Ebenso ist auch bei diesen Eingriffen das Offenhalten mit Streifen wichtig (Alternative Hard-Laser).

5.3
DMPS

DMPS scheidet als einzige Substanz die in Organen gespeicherten giftigen Metalle aus.

Die Entgiftung ist keine Garantie, daß sich alle Beschwerden bessern; es ist jedoch immer ratsam, Gift aus dem Körper zu entfernen!

5.3.1
DMPS-Allergie

DMPS ist ein Schwefelsalz und Metallsalzbinder, der bei wiederholter Gabe allergisierend sein kann. Die Allergie äußert sich zunächst in harmlosen Hautpickeln, später befällt sie die Schleimhäute. Lippen, After, Scheide oder Penis sind schmerzhaft geschwollen, der ganze Verdauungstrakt tut weh.

In Extremfällen kann es zu einem giftbedingten Hirnödem mit Kopfschmerzen kommen. Im Magnetbild des Kopfes findet man hier vorübergehend einzelne Flecken. Alles bildet sich ohne jede Behandlungsmaßnahme wieder zurück, nur darf man dann nie mehr ein Gegengift bekommen! Es hilft dann nur, den Kiefer auszufräsen.

Bei ernsten, giftbedingten Krankheiten, bei denen man DMPS zur Ausscheidungsförderung dringend braucht, muß man DMPS möglichst selten und möglichst hochdosiert verabreichen, um eine Allergie mit der oben genannten Erscheinungsform zu vermeiden.

Häufige kleine Dosen als Kapseln führen jedoch besonders schnell zu einer Allergie. Um eine Allergiebereitschaft zu vermindern, sollte man auch möglichst keinerlei andere Medikamente während der DMPS-Behandlungszeit zu sich nehmen.

5.3.2
DMPS-Menge

Wie oft DMPS gespritzt werden sollte, hängt im wesentlichen von seinem Erfolg ab. Das sicherste Kriterium dafür ist das Befinden des Kranken.

Das Krankheitszeichen, das sich am deutlichsten bessert, z.B. die Verbesserung der Sehkraft oder der Denkfähigkeit, verschlechtert sich nach Nachlassen der DMPS-Wirkung nach einigen Wochen wieder. Bei wiederholten DMPS-Gaben werden die Abstände immer länger, z.B. 4, 4, 6, 6, 8, 8, 12, 12, 16, 16 Wochen. Falls die Quecksilberausscheidung nach DMPS gemessen wurde, stimmt die Höhe der Giftausscheidung mit der Schwere der wiederkehrenden Krankheitszeichen überein. Natürlich hat die absolute Höhe der Giftausscheidung nichts mehr zu sagen.

DMPS und DMSA dürfen als Langzeittherapie bei chronischer Vergiftung nur in großen Intervallen verabreicht werden!

5.3.3
DMPS-Schnüffeln

Eingeatmete Gifte oder Gegengifte wirken um den Faktor 1000 stärker aufs Gehirn als geschluckte. Falls im Magnetbild Herde im Kopfbereich (Stammhirn, Kleinhirn) sind, kann eine besonders starke Giftausscheidung aus dem Kopf durch Schnüffeln mit DMPS erfolgen. Dafür kann eine Ampulle DMPS oder in Natriumbikarbonat (Soda) gelöstes DMPS oder DMSA verwendet werden:

Alle 1–2 Wochen wird einmal aus einem kleinen Gefäß etwa dreimal in die Nase geschnüffelt. Die Giftausscheidung kann im 3. Stuhl gemessen werden. Verboten ist es bei Asthma und Chemikaliensensibilität sowie bei DMPS-Allergie und anschließenden Kopfschmerzen.

5.4
DMSA

DMSA, das Salz der Bernsteinsäure von Dimercaptan, ist als reine Chemikalie ideal für weniger Begüterte und wenn die Krankenkasse nicht bezahlt. Wie DMPS-Kapseln fördert es die Leber-Gallen-Ausscheidung von Quecksilber, Zinn, Blei, Cadmium u.a. und wird ebenso wie diese sehr unterschiedlich ins Blut aufgenommen. In China gibt es DMSA als Spritze, bei uns noch nicht. DMSA fördert die Entgiftung des hochgiftigen organischen Quecksilbers aus dem Gehirn um das Vielfache. Das ist für Nervenkranke sehr positiv. Multiple Sklerose-Kranke bekommen durch die schnelle Hirnentgiftung allerdings sehr häufig einen Erkrankungsschub. Es ist daher bei im Magnetbild erkannten Herden im Gehirn strengstens verboten. Es ist ideal für die Behandlung von Kindern (auch geschnüffelt) mit anschließender Untersuchung des dritten Stuhls. DMSA entgiftet den Gesamtkörper nicht so gut wie die DMPS-Spritze.

DMSA (100–200 mg) wird alle 1–4 Wochen einmalig zum Schlucken gegeben. Danach viel trinken. Dritten Stuhl auf Quecksilber untersuchen.

DMSA ist ein Metallsalzbildner und kann wegen seiner geringen Allergieneigung noch eine Zeitlang bei einer DMPS Allergie weitergegeben werden (verboten bei Darmerkrankungen). Bei einer DMSA-Allergie sind alle Gegengifte verboten.

DMSA-Allergie

Die Allergie geht von einer völlig harmlosen Hauterscheinung (Pickel) über Schleimhautgeschwüre (Mund, Genitalien) bis zum Hirnödem (Wassereinlagerung im Magnetbild) mit starken Kopfschmerzen und Denkstörungen bei ständig wiederholter Einnahme. Nur das strikte Absetzen hilft hier. Es darf nie mehr die Substanz gegeben werden.

Eventuell ein Zäpfchen Diclofenac 50 mg, 1–2mal im Abstand von 3 Tagen.

5.5
Homöopathie

Sinn der Homöopathie nach HAHNEMANN ist die Behandlung eines Krankheitsbildes, nicht das schulmedizinische Flicken an Symptomen. Mit Homöopathie kann die Speicherung der Gifte in Organen nicht vermindert werden.

Wahnsinn wäre es, nach der Amalgamsanierung, wenn der Körper frisch, akut mit Amalgam vergiftet ist, Quecksilber zusätzlich in den Körper zu geben (evtl. noch Zinn + Silber + Kupfer). Dies führt immer zu einer wesentlichen Verschlimmerung der Vergiftung. Weder biochemisch oder toxikologisch noch von den Vergiftungserscheinungen her läßt sich irgendeine Verbesserung durch die erneute niedrigdosierte Giftzufuhr erreichen. Unzählige, noch kränker gewordene Patienten berichteten uns das.

Da bei einer Quecksilberunverträglichkeit stets eine Allergie des Gehirns beteiligt ist, darf das Allergen nie zugeführt werden. **Strengstens verboten bei Allergie!**

In den homöopathischen Medikamenten können riesige Quecksilbermengen enthalten sein (D500: 1,22 µg).

5.5.1
Naturheilkunde

Wer das Gegengift DMPS nicht erhält oder verordnen darf (Heilpraktiker, Zahnärzte), ist gezwungen, auf anderes auszuweichen:

Hier ist eine Entgiftung erforderlich.

Viele Amalgamvergiftete (Kranke, Krebskranke u.a.) lebten schon jahrelang nach den Prinzipien der Naturheilkunde, ehe sie sich nach der ersten DMPS-Spritze wie neugeboren fühlten.

Es gibt hier keinen einzigen empfehlenswerten naturheilkundlichen Schritt, außer jedes bekannte Gift zu entfernen und zu vermeiden – dann erholt sich jeder vergiftete Organismus, soweit er kann, ohne weitere Naturchemie.

Eine naturbelassene gesunde Ernährung mit frischem jahreszeitlichem Obst, Gemüse, fettarmer (Butter-)-Milch und frischem Leitungswasser ist allen Spurenelementen und künstlichen Vitaminen bei weitem überlegen.

Ausscheidung/Entgiftung

Im Blut vorhandene **akute** Giftmengen werden durch zahlreiche Medikamente **ausgeschieden,** gespeicherte, **chronische** Gifte benötigen Gegengifte zur **Entgiftung.**

5.6
Gingko biloba

Bei bedrohlichen giftbedingten Hirnfunktionsstörungen (Gedächtnisstörungen, Schwindel, Zittern, kombiniert jeweils mit Kopfschmerzen) hat sich bei uns die Gabe von Gingko biloba, der einzigen Umweltgiften widerstehenden Pflanze, sehr bewährt. Wenn die empfohlene Dosierung eingehalten wird, treten bei Vergifteten jedoch meist zusätzliche Kopfschmerzen auf. Die Verbesserung der Stoffwechselfunktion des Gehirns und der Blutbeschaffenheit darf nur sehr langsam eintreten. Wir empfehlen die ersten 6 Wochen täglich 3 x 1/2 Tablette Tebonin forte oder noch besser 3 x 10 Tropfen Gingko biloba Hevert (D3, homöopathisch, viel billiger, enthält Alkohol, nicht bei trockenen Alkoholikern!).

5.7
Biometalle

Bei einer giftbedingten Lähmung durch Ausfall eines Nervs am Körper (toxische Polyneuropathie) empfehlen wir eine Spurenelemente-Mischung ohne Kupfer: Biometalle III-Heyl. Man gibt hiervon täglich 2 Tabletten, etwa 3 Monate lang. Die Spurenelemente verbessern den Nervenstoffwechsel etwas.

5.7.1
Zink – Selen

Zink und Selen sind Spurenelemente, die durch Amalgam, Blei (Autoauspuffgase), Cadmium (Kunststoffe), Pentachlorphenol (Holzgifte) u.a. gebunden werden und dem Körper nicht mehr zur Verfügung stehen. Bei nachgewiesenen Vergiftungen mit Quecksilber, Kupfer, Cadmium oder Blei sollte Zink mindestens bei 400 – 600 µg/g Kreatinin im Urin liegen. Der Zink-Selen-Mangel ist ein direktes Zeichen einer chronischen Vergiftung. Andere Zeichen wie Blockade des Eiweißstoffwechsels beim Hirneiweiß (Acetyl-CoA) sind jedoch viel schwerwiegender.

Die Zink-Werte sollen im Urin nach DMPS (Urin II) 10.000 – 20.000 µg/g Kreatinin betragen!

Zinkaufnahme wird gehemmt durch:	Soja Milch-Produkte (Kalzium) Käse (Hamburger) Getreideflocken rohen Hafer Sellerie Schwarzbrot hoch-ballaststoffreiche Diät Kleie
Zinkaufnahme wird gefördert durch:	Vitamin D
Zinkfresser sind:	Blei Cadmium Quecksilber Zigarr(ett)en-Rauch Phosphatdünger

Zink fördert:	Wachstum
	Körperkraft
	Aufbauen von Proteinen, Fetten und Kohlehydraten
	Spermaproduktion
	männl. und weibl. Genitalfunktion
	Immunabwehr
	Entwicklung und Funktion des Gehirns
	Tast-, Geruch-, Geschmacks-, Sehsinn
	Appetit
	Ausscheidung von Blei, Cadmium und Quecksilber
Zinkreich sind:	mageres Fleisch und Fisch
Zinkarm sind:	Pflanzen
	Gemüse
Zinkausscheidung wird gefördert durch:	Streß
	Hungern
	Antibabypille
	Alkohol + Zigaretten
	Schwitzen
	übermäßige körperliche Anstrengung
	Hormonwechsel
Zinkmangel:	je jünger – desto schwerwiegender
Zinkmangel – Folgen:	Akne (Quecksilber)
	Infektanfälligkeit
	Feererkrankung (Quecksilber)
	Haarausfall (Quecksilber, Formaldehyd)
	Haut trocken (Quecksilber, Formaldehyd)
	Blut-Hochdruck (Blei, Quecksilber)
	Hyperkinesie (Blei, Quecksilber)
	Nägel brüchig (Quecksilber, Formaldehyd)
	Osteoporose (Cadmium, Quecksilber)
	Penis und Hoden bei Knaben klein,
	Impotenz, Hormonstörungen
	Sterilität (Quecksilber, Cadmium, PCP)
	Schizophrenie (Quecksilber)

Selen wird bei einer Amalgamvergiftung nur von amerikanischen und skandinavischen Zahnärzten als Notbehelf verwendet, weil dort das eigentlich notwendige DMPS noch nicht zur Verfügung steht.

Da Selen ein Zinkfresser ist, muß dort das 200fach wichtigere Zink unbedingt nachgefüllt werden (morgens Selen, abends Zink).

Selen verstärkt die psychische, schwächt die körperliche Vergiftungssymptomatik, d.h., es fördert die Gifteinlagerung ins Gehirn, es vergiftet das Gehirn.

Selen ist ein »Vergifter«. Nach Selengaben kann durch DMPS das im Gehirn eingelagerte Gift nur zum Teil wieder ausgeschieden werden.

SELEN IST BEI HIRNSYMPTOMEN VERBOTEN.

Als Zeichen der modernen Chemiehörigkeit schlucken heute viele Amalgamvergiftete auch bei uns Selen, lassen aber ihre Giftdepots im Kiefer. Während Zink wichtig ist für 200 Enzyme für die Körperabwehr, behebt Selen nur einen einzigen Enzymmangel durch Amalgam, den der Gluthathion-Peroxidase. Selen ist krebserzeugend und fördert die Einlagerung von Quecksilber ins Gehirn und hemmt seine routinemäßige

Ausscheidung. Zink und Selen sind Gegenspieler. Selengabe reduziert also das Körperzink. Die Selengabe kann Kopfschmerzen, Depression, sexuelle Störungen u.a., das heißt Amalgamvergiftungssymptome des Gehirns hervorrufen.

DMPS VERURSACHT KEINEN SPURENELEMENTMANGEL.

DMPS fördert zwar die Ausscheidung von Zink und Kupfer im Millionstel-Gramm-Bereich, sie sind jedoch 1000fach häufiger im Körper vorhanden. Die seltene DMPS-Gabe bei der chronischen Vergiftung erfordert nie die zusätzliche Gabe von Zink. Nur wenn man eine akute Vergiftung mit 3 – 20 Dosen DMPS pro Tag behandelt, kann Zink erforderlich sein. Selen und Magnesium werden durch DMPS nicht ausgeschieden.

Dosierung:
Pro 10 kg Körpergewicht 1 Dragee Unizink® à 50 mg Zink-Aspartat, bei schwerem Zinkmangel sechs Wochen lang, z.B. 0 – 2 – 4 Drg.; später die Hälfte (0 – 1 – 2 Drg.). Zink wird nach 17 Uhr besser ins Blut aufgenommen, außerdem sollte man 2 Std. vorher nichts gegessen haben.

Kupferausscheidung nach DMPS

Die Höhe der Kupferausscheidung direkt nach der DMPS-Spritze ist ein Maß für die Schwere des Zink-Mangels in der Zelle. Die Kupfer-Gesamt-Ausscheidung im 24 Stunden-Urin kann hierbei normal sein. Bleibende, hohe Kupferwerte nach DMPS sind ein Zeichen für noch vorhandene Giftdepots, die laufend Zink verbrauchen. Lediglich Zink nachzufüllen oder immer wieder DMPS zu spritzen ohne die Giftquellen zu entfernen, würde bedeuten, schwer krankmachende Faktoren zu verschleiern (Kieferdepots, Autogifte, Holzgifte, Aluminium, Formaldehyd u.a.). Hohe Kupferwerte sind das längste noch bleibende Labor-Zeichen einer Amalgamvergiftung.

STATT FOLGESCHÄDEN AN WILLKÜRLICHEN STELLEN ZU FLICKEN, HILFT NUR DIE BESEITIGUNG DER WIRKLICHEN URSACHE.

Diesen Grundsatz nimmt die Industrie den Umweltschützern übel, da sie fälschlich meint, zu wenig dabei zu verdienen. Ihre Rendite ist hingegen bei allen neuen Materialien noch viel höher. Die Vermeidung von Folgeschäden spart viel Geld.

5.8
Amalgamersatz

Primär gut vertragene Materialien können bei bereits bestehender Amalgamvergiftung noch zusätzlich schädigen:

— Gold hält Amalgam im Kieferknochen fest,
— Palladium potenziert die Amalgamwirkung,
— Indium, Gallium, Kupfer, Zinn u.a. Bestandteile von Spargold hemmen die Amalgamausscheidung,
— Aufbrennkeramik potenziert die Amalgamwirkung mit Aluminium,
— formaldehydhaltige Kunststoffe schädigen alle Patienten mit einem durch Amalgam gestörten Formaldehydabbau,
— Nickel-Chrom-Molybdän-Draht, der häufig zur Befestigung von Prothesen im Mund verwendet wird, kann eine stark allergieauslösende und krebserregende Wirkung haben.

Als Alternative haben sich daher bei Schwerkranken nur die Entfernung aller erkrankten Zähne, ein Ausfräsen des Zahnhalses, Einlegen von Salbenstreifen zum Ausheilen der verunreinigten Wunde und Einpassen einer herausnehmbaren verträglichen, cadmiumfreien Prothese bewährt.

Kunststoffe sind haltbarer, leichter zu verarbeiten und billiger als Amalgam.
Zahnversorgungsalternativen dürfen erst angesteuert werden, wenn eine korrekte Amalgamsanierung und Entgiftung durchgeführt wurde. Jede Alternative hat Nachteile und kann möglicherweise wegen einer Allergie u.a. nicht vertragen werden. Es dürfen nur Alternativen, die vorher vom Hautarzt getestet wurden, verwendet werden. Nur Zahnärzte, die nie Amalgam gelegt und Amalgamvergifteten nie Goldlegierungen verpaßt haben, kennen alle Nachteile der Alternativen. Korrekte Amalgamalternativen kennt heute kaum ein Zahnarzt. Goldlegierungen bei Hochbelasteten verstärken die Amalgam-Kiefer-Depots noch zusätzlich.

5.9
Nachbehandlung bei Zahnextraktion

Nach Metallarbeiten sofort 1 Schluck Natriumthiosulfat 10% (Dr. Köhler Chemie) schlucken, dann 1 Kaps. DMPS (DMSA) oder bei DMPS-Allergie 1 Drg. D-Penicillamin zur Bindung der verschluckten Metalle schlucken.

Wenn es sich um einen Herd (Eiter, Gifte) gehandelt hat, kommt es, wenn die Wundhöhle korrekt gereinigt wurde, sofort zu einer Besserung des zugehörigen Organs, die 3 Tage anhält. Danach kommt es zu einem Schwächezustand (»es zieht die Beine weg«), der je nach Entzündungsherd ca. 14 Tage anhält. Bei einer erneuten Organverschlechterung muß der (jetzt zahnlose) Herd erneut operativ eröffnet, gereinigt und desinfiziert werden.

ESSEN Sie am Tage der Operation und für die nächsten 8 Tage:
Eierspeisen, Gemüsesuppen, Fleisch in passierter Form, Kartoffelbrei; wobei zum Süßen Fruchtzucker oder Honig verwendet werden sollte.

TRINKEN Sie in den 8 Tagen nach der Operation möglichst viel: Kräutertee (Johanniskrauttee), Heidelbeersaft, schwarzen Johannisbeersaft, Sanddornsaft. Alle Säfte möglichst verdünnt mit Mineralwasser (keine Limonade).

ALKOHOL und TABAK sind zu meiden! Auf DARMENTLEERUNG ist zu achten!

HYGIENE: Keine Haare waschen, kein Vollbad, nicht saunen oder schwimmen, sondern nur waschen oder kurz duschen für die nächsten 8 Tage. Mundhygiene ist besonders wichtig, um Neuinfektionen mit Bakterien zu vermeiden. Es kann auch 3%iges Wasserstoffperoxid zur Spülung verwendet werden. Zähne und Mundhöhle sollten wie immer zweimal am Tage mit Bürste und Zahnpasta (Kreide) gesäubert werden.

WUNDVERSORGUNG: Am dritten Tag wird der Zahnarzt den Salbenstreifen ziehen und einen neuen legen. Die Salbe ist nötig, um die Wunde möglichst lange offen zu halten, damit Bakterien, Pilze, Schwermetalle und andere Gifte herauswachsen können und nicht durch raschen Verschluß der Mundschleimhaut einwachsen und wieder einen Entzündungsherd bilden. Falls Sie den Streifen wochenlang wechseln, muß evtl. keine erneute Operation zur Fremdkörper-Entfernung erfolgen.

MUNDSPÜLUNGEN sollten bei Bedarf nach jedem Essen mit 3%igem Wasserstoffsuperoxyd (= 1 Eßl. auf eine Tasse gekochtes Wasser) oder mit Salbeitee vorgenommen werden.

NACHBLUTUNGEN treten ganz selten auf. Versuchen Sie zuerst, 10 Minuten auf Verbandmull oder auf ein frisch gewaschenes Taschentuch – auf die blutende Wunde gelegt – zu beißen. Bei Nichtstillstand den nächsten Arzt, Zahnarzt oder den Sonntagsdienst aufsuchen.

SCHMERZMITTEL: Bei Bedarf (abds.) 1 Zäpfchen Diclofenac 50.

TÄGLICHE ARBEITEN verrichten Sie bitte wie sonst, nur vermeiden Sie schwere körperliche und mit dem Kopf nach unten gerichtete Arbeiten. Auch zu lange geistige Arbeit, sowie Unterkühlung durch Zug etc. sind zu unterlassen. Versäumen Sie nicht Ihren täglichen Spaziergang.

BILDSCHIRMTÄTIGKEIT: Die nächsten 8 Tage keine Arbeiten vor dem Bildschirm verrichten, es könnten Komplikationen bei der Wundheilung auftreten.

5.10
Metall-Unverträglichkeit

Erkennen:
– Metallspiegel im Kiefer-Gebiß-Übersichts-Röntgenbild
– Metallherde an Zahn-Wurzelspitzen im Röntgenbild
– Metallherde im Magnetbild
– erhöhte Speichelwerte beim Abrieb (Speichel II)
– quantitative Untersuchungen von Zahn, Knochen, Gewebe

Behandeln:
– alle Metalle aus dem Mund entfernen
– Gegengift bei erhöhtem Mobilisationstest (DMPS, Desferal)

Vorbeugen:
– keine Metallbrücken oder Klammern bzw. andere Metalle in den Mund
– keine Implantate mit metallischer Oberfläche (Titan)
– keine Elektroleitungen im engsten Wohnbereich
– keine Metalle am Körper (Ohrringe)
– keine Elektrotherapie (Stanger-Bäder)
– keine Elektroakupunktur
– wenig Bildschirmtätigkeit
– kein Mikrowellenherd, keine Handys

5.11
Problembewältigung – Merksätze

1. Viel größere Probleme liegen hinter Ihnen. Ein unlösbares Problem gibt es nicht: »Sehr lang betrachtet, zählt nichts.«

2. Statt Patentrezepte gibt es nur Fleiß und Ideenreichtum im Detail. Überlegen Sie in Ruhe, was Sie gegen die Hindernisse unternehmen können.

3. Voraussetzung ist körperliche Fitness, die die seelische Belastbarkeit erhöht: Pflegen Sie sich, halten Sie Ordnung, Übersicht und Sauberkeit, machen Sie Entspannungsübungen, gönnen Sie sich Pausen und Luxus, hören Sie Musik und tun Sie alles was Ihnen Freude macht. Insbesondere ein befriedigendes Sexualleben kann das seelische Gleichgewicht fördern.

4. Erziehen Sie sich täglich zur heiteren Gelassenheit.

5. Pflegen Sie ein Minimum an belastenden Verpflichtungen. Halten Sie sich von belastenden Personen weit entfernt, meiden Sie unnötige Kontakte.

6. Denken Sie immer daran, daß die moderne Medizin und Zahnmedizin uns gute entgiftende und wiederherstellende Möglichkeiten gibt.

7. Lassen Sie sich von Freunden helfen – die sicherste Möglichkeit, aus ängstlichen Gefühlen zurück in die Wirklichkeit zu kommen. Ein gut gepflegter Freund ist eine Lebensversicherung.

8. Machen Sie eine Liste der Freuden und Freunde und eine Liste der Sorgenbringer.

9. Sinnlos ist es, über Sorgen in Panik zu verfallen und sich die Stimmung verderben zu lassen.

10. Erhalten Sie sich Ihre Lebendigkeit, Helligkeit, Ausstrahlung, Kraft und Gelassenheit.

(Frei nach GROSS G.: Beruflich Profi, privat Amateur. ecomed 1982)

6
Krankheitsspezialitäten

Während sich jede Nerven- oder Immunschädigung durch die Wegnahme eines Nerven- oder Immungiftes grundsätzlich nur bessert und die Zukunftsaussicht erhöht, können sich alle amalgambedingten Schäden bei rechtzeitigem Vermeiden und Behandeln vollständig beheben lassen. Viele Erkrankungen durch Amalgam sind noch nicht erkannt und klinisch beobachtet. Aufgrund des biochemischen Wirkmechanismus von Amalgam und des extrem unterschiedlichen Reaktionsmusters von Menschen auf Nervengifte und Erbschäden müssen es viele tausend sein.

Quecksilber wird im Darm und im Gehirn in organisches Quecksilber verwandelt und dieses führt, je nach Labilität, in jeder denkbar geringen Menge zu Schäden der Erbsubstanz jeder einzelnen Zelle, also zu Punktmutationen. Dies ist der Auslöser für zahlreiche Stoffwechselschäden mit schillerndem medizinischem »Syndrom« – Nameneinheitlich ist allein nur, daß man ihre Ursache nicht kennt. Bekanntlich wird eine giftbedingte Organschädigung prinzipiell nicht untersucht, das würde nicht in unser Weltbild passen, wir müßten völlig umdenken lernen. Vergiftete gelten heute noch oft als Spinner.

6.1
Allergien, Feer, MCS

Die Quecksilber-Allergie ist außerordentlich häufig. Nur befällt sie nicht die Hornhaut, auf der die Hautärzte ihre Tests meist durchführen, sondern das Gehirn (Neuro-Allergie, MCS-Syndrom). Man nennt dies Feer-Syndrom.

Feer-Syndrom
Ursprünglich kindliche Amalgamvergiftung durch die Mutter oder quecksilberhaltige Medikamente. Entspricht aber genau der Vergiftung bei Erwachsenen.

Der Schweizer Kinderarzt Feer hatte dieses Syndrom in den 20er Jahren bei Kleinkindern entdeckt. Die Kinder hatten quecksilberhaltige Salben bekommen, waren unruhig, reizbar, reagierten hysterisch, aßen nicht, schliefen unruhig und viele starben. Nach Abschaffen der Salbe genasen alle kranken Kinder (Fanconi, England, 30er Jahre 20.000 Kinder). Nur Kinder amalgamtragender Mütter erkrankten damals noch. Die Vorschädigung plus Zusatzgift führte zu dieser Hirn-Vergiftung.

Heute wird das Feer-Syndrom bei Kindern mit unendlich vielen Begriffen umschrieben, bei Erwachsenen kennt es kein Arzt, da es nur in Kinderheilkundebüchern nachzulesen ist. Da die Giftausscheidung nicht extrem hoch ist, jedoch die Hirnerscheinungen extrem sind, muß man das toxisch-allergische Bild als Nervenvergiftung ansehen. Amalgamsanierung und DMPS bessern das Bild deutlich, eine Ausheilung ist wegen der häufigen Quecksilberkontakte nicht möglich (Tetanusimpfung – Tetanol ist stark quecksilber-haltig, besser Tetavax). Häufigste Folge ist durch den quecksilberbedingten Folsäuremangel eine Form-aldehyd-Stoffwechselstörung.

Symptome sind:

Appetitlosigkeit
Bewegungsstörung (Känguruhstellung)
Bluthochdruck
Fieber
Fingerspitzen, feucht-rot, schmerzhaft (»Morbus Raynaud«)
Frieren
Gewichtsverlust (»Anorexia nervosa«)
Gliederschmerzen
Haarausfall
Hautekzem
Hautschuppung
Herzjagen
Hirnentzündung
Hypersexualität (Onanieren)
Juckreiz
Krämpfe, epileptiform
Lähmungen (Ataxie, Steppergang, Polyneuritis, Polyradiculitis, Landry)

Lichtscheu
Müdigkeit, chronische
Mund-Schleimhautentzündung
Muskelschwäche und -schrumpfung
Pelzigkeit der Glieder
Reizbarkeit
Schäden des vegetativen Nervensystems
Schmerzen, lanzenstichartig
Schweiß
Speichelfluß
Tod an Atemlähmung
Tränenfluß
Wesensveränderung (Depressionen, weinerlich, Negativismus, Schlafumkehr, Apathie)
Zahnlockerung und Zahnausfall
Zittern
Zuckerentgleisung

Nachweis:
Wenn ein Neugeborenes durch die Schwangerschaft Amalgam erhalten hat, dann finden sich im Kernspin des Gehirns stets »UBOS« (unbekannte braune Objekte), das sogenannte Feer-Syndrom. Wenn nun neue Nervengifte hinzutreten, zum Beispiel durch neues Amalgam oder durch ungeschütztes Herausbohren, dann wird aus UBOS jeweils ein großer Herd, man spricht dann von einer multiplen Sklerose oder Ence-phalitis disseminata.

Durch die Krankheits-Karriere lernt man viel über die Auslöser kennen.

Therapie:
3 × im Abstand von 4 Wochen 1 Kapsel Dimaval (DMPS) schlucken oder besser an einer offenen Ampulle schnüffeln. (Messung von Quecksilber wäre im 3. Stuhl danach möglich.)

Hautteste
Eine Allergie besteht selten auf reines Quecksilber, sondern meist auf die Vielzahl organischer und anorga-nischer Salze mit Quecksilber, Zinn, Silber und Kupfer, die auf der Oberfläche von Amalgam entstehen. Daher empfiehlt sich beim Hautarzt folgender Test:

Zu Staub gemahlene Bröckchen des herausgebohrten, eigenen Amalgams mit einem Pflaster 4(!) Tage auf den Rücken kleben. Psoriasisähnliches Bild (Schuppenflechte). Dieser Test war bei allen unseren vergif-teten Patienten positiv.

„Akne"
Über den Amalgamfüllungen sind oft akneartige rote Pickel im Gesicht, die besonders junge Mädchen sehr deprimieren. Sie verschwinden nur nach der restlosen Amalgamentfernung.

6.2
Antriebslosigkeit – Depression

Die giftbedingte Antriebslosigkeit ist morgens am stärksten, da nachts die Entgiftung gemindert ist.

Es gibt keine Amalgamvergiftung ohne Antriebslosigkeit und ständige Müdigkeit. Quecksilber und Zinn wirken als Dauerpeitsche, die den Körper nicht ruhen lassen. Schlafstörungen gehören dazu. Dieses Symptom bessert sich am augenfälligsten durch DMPS und kehrt bei Giftumlagerung wieder, ist also einer der Hinweise für die erneut notwendige Gegengiftgabe.

In besonderen Fällen kann sich das Bild bis hin zur Bewußtlosigkeit (Koma) verschlechtern. Ohne rechtzeitige DMPS-Spritze und Ziehen der Amalgamzähne versterben diese Patienten.

6.3
Bauchschmerzen

Durch frühere Unterleibs- oder Blasenentzündungen kommt es bei jungen Mädchen zu einer exzessiv hohen Giftspeicherung von Amalgam in den betroffenen Nerven. Nach DMPS äußert sich dies in einer kurzen Befreiung und dann 1–3mal in heftigen Bauchschmerzen im Anschluß. Außer einer Wärmflasche hilft hier Diclofenac (1 Zäpfchen 50 mg) schlagartig.

DMPS und DMSA helfen insbesondere bei Durchfällen nicht sofort. Schmerzen verursacht besonders das Silber im Amalgam, das nur durch die Amalgamentgiftung in der Wirkung abgeschwächt wird.

Nierenschwäche ist die klassische Amalgamvergiftungsfolge. Hier sind Kapseln zur Entgiftung besser. Die häufigste Folge einer Amalgamvergiftung sind Pilze im Darm (Candida). Meist müssen auch Pilzherde im Backenzahn unten operativ entfernt werden (s. Kap. 3.6 und 4.6)

6.3.1
Leberschaden

Amalgam bewirkt auch bei Nichtalkoholikern durch die Hemmung der Enzyme (Coenzym A), insbesondere bei einem Zinkmangel in der Zelle, eine Veränderung der Leber wie beim chronischen Alkoholismus. Diese verschwindet völlig durch eine korrekte Amalgamentgiftung.

6.3.2
Bauchspeicheldrüsenentzündung

Wie oben kann Amalgam auch zu einer selten erkannten Entzündung der Bauchspeicheldrüse mit Zuckerentgleisung führen. Es kommt dabei zu Herden in den 4er Zähnen oben.

6.4
Blasenentleerungsstörungen

Hier kann Amalgam vielschichtig wirken: von einer starken Nierenvergiftung über die hohe Konzentration im Blasen-Schließmuskel, zu quecksilberresistenten Bakterien und einer hohen Konzentration von Amalgam in der Vorsteherdrüse. Auch Eierstock- und Gebärmutterzysten durch Amalgam komplizieren das Bild, das von einem ständigen Harndrang bis zur Notwendigkeit reichen kann, sich selbst wegen Verkrampfung einen Blasenkatheder legen zu müssen. Häufig besteht eine hohe Giftausscheidung über den Stuhl. Nach der Amalgamsanierung und DMPS muß ein intensives Blasentraining erfolgen.

6.5
Blutbildveränderungen

Direkt und über eine chronische Entzündung im blutbildenden System kommt es zur Veränderung der weißen Blutzellen und der Blutplättchen. Extrem stark kann dies werden, wenn Belastungen durch Holzgifte dazukommen.

6.6
Depressionen, Psychosen

Quecksilber und Zinn, in speziellen Hirngebieten eingelagert, machen stark depressiv und verursachen Wahnvorstellungen. Dies endet oft im Selbstmord. Zahnärzte und Quecksilberarbeiter (Hutmacher früher) weisen eine hohe Selbstmordrate auf. Makaber ist, daß gerade psychiatrische Patienten intensiv mit Amalgam vergiftet sind. Bei Schizophrenen besteht eine abartige Stoffwechselstörung für Quecksilber: sie können nur wenig über den Urin ausscheiden, sondern hauptsächlich über den Darm. Dabei entsteht das giftige Methyl-Quecksilber (organisch), das besonders das Hirn vergiftet. DMPS aus Ampullen geschnüffelt hilft hier besonders gut. Da eine besondere Giftempfindlichkeit des Gehirns vorliegt, geben die Mobilisationswerte – auch wenn sie extrem niedrig sind – keinen Hinweis auf die Schwere der Erkrankung, sondern nur das verbesserte klinische Bild nach DMPS. Jeder Amalgamträger hat psychische Probleme. Manche haben gelernt, damit umzugehen.

6.6.1
Drogenabhängigkeit

Quecksilber hemmt den Drogenabbau z.B. durch Folsäurehemmung. Durch die seelischen Probleme schlittern Amalgamvergiftete oft in eine Drogenabhängigkeit. Erst nach der Entgiftung kommen sie spontan wieder davon los.

6.7
Durchfälle

Schwermetalle reizen beim Verschlucken Empfindliche stets zu Durchfällen, die bei Quecksilber eitrig-blutig sein können. Bei einer Probenentnahme der Darmschleimhaut können die Amalgambestandteile nachgewiesen werden.

Da die Gifte über die Entstehung organischer Anteile durch Darmbakterien zuzüglich für eine starke Hirn-vergiftung über den Blutweg sorgen, werden die Darmvergiftungen dann psychotherapeutisch statt ur-sachenbezogen angegangen. Die Diagnosen heißen dann **Morbus Crohn** oder **Colitis ulcerosa** – je nach Fortschreiten der Darmvergiftung. Ohne Ursachenbeseitigung bleibt man treuer Patient beim Gastroente-rologen und Psychotherapeuten.

Hier sollte DMPS unbedingt gespritzt werden und gegen die Darmreizung der über die Leber und Galle ausgeschiedenen Gifte Medizinalkohole (10 g Kohle-Pulvis, Dr. Köhler) dazugegeben werden.

Solange die Darmreizung besteht, sollten Kapseln oder Pulver keinesfalls gegeben werden; Spritzen för-dern die Nierenausscheidung und halten die Darmausscheidung auf einem Minimum. Später sollten Metalle grundsätzlich vermieden werden.

Zink sollte regelmäßig in die Vene gespritzt werden (wöchentlich eine Ampulle Unizink).

Auch eine amalgambedingte Überfunktion der Schilddrüse kann diese Durchfälle verstärken.

6.8
Epilepsie

Bei verstärkter Gifteinlagerung von Amalgam in spezielle Stammhirnareale kann es bei Zusatzreizen (Licht, Streß) zu Krämpfen kommen. Alkohol mit der Zufuhr von Methylquecksilber fördert stark die Krampfneigung.

Die erste DMPS-Spritze kann einen Anfall auslösen, wenn der Arzt nicht eine Ampulle Phenhydan in die Vene vorspritzt. Bei langjähriger Epilepsie müssen alle lange Zeit gefüllten Amalgamzähne gezogen und die Depots ausgefräst werden. DMPS-Kapseln eignen sich zur Langzeitentgiftung. DMSA ist hier viel besser wegen seiner Fähigkeit, organisches Quecksilber aus dem Gehirn auszuscheiden.

6.9
Gedächtnisstörungen

Jedes Nervengift verursacht Gedächtnisstörungen. Bei Aluminium und Amalgam ist diese Wirkung jedoch am meisten ausgeprägt. Verschlimmerungsfaktor ist die Formaldehyd-Stoffwechselstörung. Natürlich spüren dies Geistesarbeiter eher. Begleiter sind eine geistige Schwerfälligkeit, Angst vor etwas Neuem, Mühe, sich über Kleinigkeiten zu freuen, erhöhte Schmerzempfindlichkeit, Unterwürfigkeit, Aufbrausen, Gefühl wie unter einer Glocke zu leben, Unfähigkeit für feine Fingerbewegungen usw. DMSA wirkt hier erst nach der korrekten Amalgamsanierung hervorragend zur Hirnentgiftung. Bei Aluminiumvergiftung ist DMPS (besonders geschnüffelt) oder Desferal effektiver.

6.10
Gelenkschmerzen

Die Silberkomponente im Amalgam ist verantwortlich für die Kreuz- und Gelenkschmerzen. Statt Beseitigung der Ursache wird oft das Symptom, das natürlich nicht das einzige der Amalgamvergiftung ist, mit einer Operation angegangen. Die dadurch zusätzlich verursachte Muskelschädigung verleitet oft zu weiteren Operationen. Hexenschuß und Kniearthritis sind am häufigsten.

Bei langjährigen Gelenkbeschwerden erhält stets ein Zahnherd das entzündliche Geschehen aufrecht. Die alleinige Amalgamsanierung ohne Herdsanierung würde nichts bringen. Ungläubige sollten stets die Silberkonzentration in den Operationspräparaten (Bandscheibe !) messen. Alternativ darf kein Metall – insbesondere kein Silber in der Goldlegierung – verwendet werden. Silber wird durch DMPS oder DMSA nur indirekt durch Entfernung der Mitkomponenten reduziert, was man klinisch an der Verminderung der Schmerzen merkt.

6.11
Haarausfall

Haarausfall (punktförmig, kreisrund, später total) ist stets eine Kombination aus (oft mütterlichem) Amalgam und einer Formaldehydstoffwechselstörung. Dramatisch und fast unheilbar ist das Geschehen, wenn eine tote Wurzel mit Formaldehyd gefüllt wird. Im Zahnwurzel-Übersichtsröntgen erkennt man die Störung des Knochenstoffwechsels, der durch Amalgam zu einer weitbasigen Entzündung führt. Noch wichtiger als eine saubere Amalgamsanierung ist die Formaldehydvermeidung im Kiefer (tote Zähne ausfräsen) und im Hausstaub. Vorübergehend hilft die Alkalisierung (Tabletten/Natriumbikarbonat) und Zinkzufuhr. Besser ist die Nahrungsumstellung auf basenbildende und zinkhaltige Stoffe. Zink muß lange höchstdosiert zugeführt werden.

6.12
Herzinfarkt, Herzrhythmusstörungen

Amalgamdepots in den »Herzzähnen« (8 oder 7), d.h. meist in den Weisheitszähnen, führen bei jungen Menschen durch die typische Quecksilberwirkung zu Herzrhythmusstörungen, bei Älteren – je nach zusätzlicher Gefäßschädigung durch Rauchen oder amalgambedingte Herzkranzgefäßverengung – eher zu einem Herzinfarkt. Später kann ein Herd in dem zahnlosen Kiefer durchaus denselben Effekt an dieser Stelle haben, wie früher der noch stehende Zahn.

Die Beschwerden lassen sich schlagartig beheben durch operative Beseitigung der Gifte und ihrer Folgen. DMPS entgiftet die Herznerven besser als DMSA. Amalgam als Selenfresser schädigt von Anfang an den Herzmuskel. Bei Schäden hilft jedoch nicht mehr Selen, das übrigens nur ein Enzym aufbauen hilft (Zink 200 Enzyme), sondern nur die ganz gewissenhafte Amalgamentgiftung.

6.13
Infektanfälligkeit

Amalgam senkt schon nach 20minütigem Kaugummikauen oder nach Trinken eines Zitronensaftes die Abwehrzellen (T-Lymphozyten) um bis zu 25 Prozent. Eine wichtige Rolle spielt dies bei der Abwehr von Viren (AIDS) oder Bakterien (700 verschiedene) und Pilzen (Candida).

Der Verbrauch von Zink zur Ausscheidung der laufend aufgenommenen giftigen Amalgambestandteile führt zu einem relativen Zinkmangel in den Zellen (weißen Blutkörperchen), wo Zink zum Aufbau von 200 Abwehrenzymen benötigt wird. Der Zinkmangel senkt auch die Zahl der Abwehrzellen.

Der Ort der Zahnherde im Kiefer (Amalgam, tote Zähne) bestimmt, an welchem Organ der Infekt ausbricht (Nasennebenhöhle, Magen, Leber u.a.). Amalgamentgiftung und Zinkzufuhr helfen daher nur bei einer Zahnherdsanierung. Häufigste Infektherde sind Kopf und Lunge durch das Einatmen und die Nieren durch das Ausscheiden des Amalgams.

6.14
Infertilität – Impotenz

Amalgam kann sich in den Fortpflanzungsorganen besonders stark anreichern und den Zinkgehalt stark senken. Samenflüssigkeit ist infolge seiner vielen Enzyme die zinkhaltigste Körperflüssigkeit. Bei Amalgam und Zinkmangel verringern sich sowohl die Anzahl der Samen als auch die Funktionsfähigkeit der weiblichen Eier. Eine Giftanreicherung in der Vorsteherdrüse, in den Eierstöcken (Zysten) und der Gebärmutter (Myome) verhindern zusammen ein korrektes Aufwachsen der befruchteten Eier. Zinkzufuhr (i.v.) nach der korrekten Amalgamentgiftung kann den Kindersegen wesentlich beschleunigen. Nach der Amalgamsanierung ist eine DMPS-Therapie wichtig für eine Schwangerschaft. Cadmium, Pentachlorphenol und Formaldehyd dürfen im Körper auch nicht nachweisbar sein.

6.15
Interaktionen

siehe Wirkungsverstärkung

6.16
Kopfschmerzen

Von allen Nervengiften verursacht Amalgam neben Blei, Cadmium und Formaldehyd die meisten Kopfschmerzen. Im Magnetbild sieht man bei heftigen Schmerzattaken ein Hirnödem (Überdruck durch Wassereinlagerung). Nach kurzer Amalgamliegezeit genügt zur völligen Schmerzbeseitigung die korrekte Amalgamsanierung, bei längerer Liegezeit sind eine zunehmende Anzahl von DMPS-Spritzen erforderlich. Besonders hier ist die Entfernung formaldehydgefüllter Zähne wichtig.

Das Beheben der jahrelangen Kopfschmerzen ist der erfreulichste Effekt einer Amalgambehandlung.

6.17
Krebs

Das in manchen Organen (Hirn, Haut, Magen-Darm-Trakt u.a.) langjährig eingelagerte organische (Methyl-)Quecksilber wirkt krebserzeugend. Amalgam als Selenfresser begünstigt zugleich über den Selenmangel die Krebsentstehung.

Frühzeichen der Krebsentstehung ist das relative Absinken der Zellen, die Krebszellen auffressen können (Lymphozyten Killer-Zellen).

Bei einem erkannten Krebs ist zur Besserung der Abwehrlage vor einem Rückfall das restlose Beseitigen der Amalgamdepots sicher lebensverlängernd.

Im operativ entfernten Krebsgewebe, das 10 Jahre im pathologischen Institut aufgehoben werden muß, kann auch noch viel später die verursachende Amalgamspeicherung nachgewiesen werden, und zum Schadenersatz führen (500.000,– DM).

6.18
Lähmungen, MS, Amyotrophe Lateralsklerose

Im Zahnwurzel-Übersichtsröntgen und im Magnetbild finden sich unter ehemaligen Amalgamzähnen im Kiefer die gleichen Veränderungen. Wenn diese Veränderungen auch im Großhirn nachzuweisen sind, und sich zusätzlich unter den gezogenen Zähnen im Kieferknochen hohe Metallkonzentrationen befinden, muß davon ausgegangen werden, daß Metalle die Ursache darstellen. Größere und kleinflächige Herde im Großhirn sind darum entstandene Entzündungsherde. Wir beobachten seit Jahren eine größere Anzahl Patienten, bei denen sich nach einer korrekten Amalgamsanierung unter laufenden DMPS-Injektionen bzw. Schnüffeln (s. Kap. 5.3) die Flecken im Magnetbild des Kopfes verkleinern und die Lähmungen (und anderen sogenannten Multiple-Sklerose-Zeichen) wellenförmig langsam zurückbilden. DMSA ist hier strengstens verboten, da die schnelle Hirnentgiftung sehr häufig zu einer schwersten Verschlechterung (Schüben) führt. Auch Zink ist aus dem gleichen Grund mit großer Vorsicht (höchstens niedrigstdosiert) anzuwenden. Wir haben noch keinen Multiple-Sklerose-Kranken ohne Amalgamfüllungen (der Mutter) kennengelernt!

> FEER-PATIENTEN MÜSSEN SICH UNTER SCHUTZ (S. KAP. 5.1.2) AMALGAM ENTFERNEN LASSEN.

Es ist besser nichts gegen die Amalgamvergiftung zu unternehmen, statt etwas Falsches, wie z.B. Amalgam herauszubohren statt den Zahn zu ziehen, DMSA statt DMPS zu nehmen, Selen u.a.

Alle Nervengifte müssen hier gemieden werden (Blei, Formaldehyd, Holzgifte, Pyrethroide)!

6.19
Muskelschwäche

Quecksilber hemmt die Muskelaldolase, das Enzym des Muskelstoffwechsels und kann durch Punktmutationen zu ererbten Muskelkrankheiten führen. Da es sich um eine Immunstörung handelt, kann eine Besserung erst nach vollständiger Giftentfernung beginnen, d.h., sie braucht enorm lange. Zink ist sehr hilfreich zur Entgiftung und wird höchstdosiert benötigt. Selen ist wirkungslos. Jede Amalgamsanierung führt zu einer langanhaltenden Verschlechterung, daher ist das Ausfräsen des Kieferdepots meist unumgänglich. Die Besserung tritt meist erst nach 5 Jahren ein.

6.20
Schwangerschaft

Sie ist der wichtigste Zeitpunkt für die lebenslange Prägung. Amalgam der Mutter, und zwar nicht nur das aktuelle, sondern auch das frühere, bestimmt die Empfindlichkeit des Kindes gegenüber Chemikalien überhaupt (Chemikaliensensibilität). Das Blut des Kindes im Mutterleib enthält die 6–30fache Quecksilber-Konzentration als das Blut der Mutter. Während der ersten Schwangerschaft entgiftet sich die Mutter um bis zu 40% ihres Gesamtkörpergiftes (etwa 5% bei der zweiten). Neugeborene haben beim DMPS-Test im Urin einen Quecksilbergehalt von bis zu 2500 μg/g Kreatinin – ein extrem hoher Wert selbst bei Erwachsenen.

Neugeborene sind mindestens 100fach empfindlicher auf Gifte als Erwachsene. Für Quecksilber gibt es keine sicher ungiftige Giftmenge im Körper. Die Quecksilberschädigung des Kleinkindes ist seit über 70 Jahren wohlbekannt als Feer-Syndrom (s. Kap. 6.1). Etwa 7% dieser Kinder starben daran (s. Kap. 6.23 Krtippentod). Bei Lebenden ist das auffälligste Zeichen die Unruhe, Reizbarkeit und das ständige Schlafbedürfnis. Später fallen sie durch Hirnstörungen auf. Paradoxerweise haben wir in Behindertenschulen die höchsten Wohngiftkonzentrationen gemessen, die dies verstärken. Die von der Mutter durch Amalgam vorgeschädigten Kinder haben eine wesentlich höhere Kariesneigung als die ohne Stoffwechselschäden. Feuer auf dem Dach ist dann, wenn diese Kinder nun noch Amalgam in ihre Zähne bekommen. Amalgam im Milchzahn vergiftet beim Neubau den bleibenden Zahn bis zum Faktor eine Million. Das vorgeschädigte kindliche Gehirn reagiert verstärkt auf die neue Quecksilberzufuhr. Aber schon die schwangerschaftsbedingte Amalgammenge trägt dem Säugling neben den Nervenstörungen eine Infektneigung, eine Allergieneigung und zahlreiche Hauterkrankungen ein.

Jede Zahnbehandlung der Amalgamzähne ist in der Schwangerschaft zu vermeiden, tief gefüllte Backenzähne sollten bei Schmerzen nach einer Laser-Schmerzbehandlung gezogen werden.

Vermeidung jeder Amalgamfreisetzung (s. Kap. 4.4).

Entgiftung nur mit Zink (0-2-2 Unizink). Bei zu niedrigem Zink in den Blutkörperchen muß mit einer Fehlgeburt gerechnet werden, wenn man nicht ausreichend Zink zugeführt hat.

NEUGEBORENE SIND DIE HILFLOSESTEN AMALGAMOPFER.

Angeborene Amalgamschäden:
Blindheit, Wasserkopf (Hydrocephalus), Krämpfe (Epilepsie), Untergewicht, Entwicklungshemmung, Wachstumsstörungen, Ödeme.

6.21
Schwindel

Schwindel ist eines der Zeichen einer ganz schweren chronischen Quecksilbervergiftung – oft in Verbindung mit einem gestörten Formaldehydstoffwechsel. Wenn nicht im Magnetbild des Kopfes Metallherde im Kleinhirnbereich liegen oder eine schwere Vergiftung mit Holzgiften (Lindan – Parkinsonismus) dazukommen, bringt DMPS sofort eine vorübergehende Verbesserung. Andernfalls muß eine umfangreiche Suche nach anderen gespeicherten Umweltgiften erfolgen.

6.22
Seh-, Hör-, Sprachstörungen

Da viele der amalgambedingten diesbezüglichen Störungen schon durch das mütterliche Amalgam von Geburt an bestehen, fallen die wesentlichen Verschlechterungen durch erneutes Amalgam beim Kleinkind nicht mehr sehr auf. Patienten erkennen den Zusammenhang meist erst nach DMPS, z.B. wird plötzlich eine schwächere Brille benötigt.

Bei später aufgetretenen Störungen muß der »Sehzahn« (3er) oder »Hörzahn« (8er, 7er) auf einen Herd untersucht werden und eventuell gezogen werden. »Sehzähne« zu ziehen, fällt nur bei älteren oder Patienten mit Augentumoren leicht, jüngere Patienten lehnen dies oft ab, weil die Prothese unangenehm ist. Zur Behandlung der Hirndepots eignet sich besonders gut DMSA.

Ohrensausen tritt häufig bei Zahnherden und Amalgam plus Gold (Palladium) auf.

Nach Schätzungen der Deutschen Tinnitus-Liga leiden in Deutschland ca. 5 Millionen Menschen ständig oder zeitweise an Ohrgeräuschen. Ärzte sind oft hilflos.

Stottern und Wortfindungsstörungen bessern sich oft nach DMPS.

6.23
Todesfälle, Krippentod

Zahllose Patienten sterben den Amalgamtod, die einen rutschen in die Bewußtlosigkeit wie durch Dämmerattacken, die anderen sterben durch nächtliche Attacken mit Atemstillstand – dies ist die typische Kindstodesursache im Krippentod. Infektionen und Schädelverletzungen verschlechtern plötzlich das Bild. Manche gestorbene Säuglinge haben in ihrem Hirn und ihrer Leber höhere Quecksilberkonzentrationen als Erwachsene (2000 µg/kg). Über 2000 Säuglinge sterben jedes Jahr bei uns am Krippentod.

Bei verstorbenen Amalgamvergifteten ist das Gift nur in den Speicherorganen, insbesondere Tumoren nachweisbar.

Jeder nachweislich an diesem Arzneimittel Verstorbene ist mit DM 500.000,– vom Hersteller bei einer Versicherung versichert. Auf Amalgam als Todesursache muß extra hingewiesen werden, da routinemäßig heute noch nicht danach geforscht wird.

6.24
Zittern

Amalgam verursacht wesentlich häufiger als alle anderen Nervengifte neben einer Nervosität ein Zittern, wenn spezielle Gebiete im Kleinhirn und Hirstamm Quecksilber gespeichert haben. Wird auf diese Vorschädigung Lindan aus Holzgiften gesetzt, führt dies zum Parkinsonismus – wie Blei und andere Nervengifte. Die alleinige Amalgamvergiftung bessert sich rasch unter DMPS und noch besser unter DMSA-Gabe. Zink verbessert die Entgiftung.

Alkohol bessert zunächst das Symptom, verstärkt es aber langanhaltend durch Erhöhung des Methylquecksilbers im Gehirn.

6.25
Querulanten

Patienten und sogar zwei Amalgam-Beratungsstellen klagten gegen den Autor, da er ihnen vermeintlich zu wenig bei Prozessen gegen die Hersteller half.

AMALGAMPATIENTEN VERGRAULEN SICH OFT ALLE ÄRZTE, AUCH HILFSWILLIGE.

Amalgam verleitet zum Lamentieren anstelle ernergischen Handelns. Dieses Querulantentum ist als Krankheitssymptom anzusehen und stets zu berücksichtigen.

Amalgamvergiftete können unglaublich egoistisch und hinterhältig sein.

7
Bezahlung

Die ersten Amalgamvergifteten kamen 1989 mit einem positiven Quecksilbertest zu uns, weil ihnen die Krankenkasse angeboten hatte, wenn sie den Nachweis einer Vergiftung oder giftbedingten Unverträglichkeit brächten, dann würden sie zu 100% den Austausch mit einer Goldversorgung bezahlt bekommen. Eine Passauerin bekam bei positivem DMPS-Test daraufhin DM 8.000,– von der Krankenkasse für eine Goldversorgung. Bei positivem Allergietest zahlten die Krankenkassen die Alternativversorgung bis auf den gesetzlichen Eigenanteil (50–60%).

Als die Giftwerte häufig hoch waren, machten die Krankenkassen wieder eine Kehrtwende und wollten wieder nur bei dem selteneren Allergienachweis bezahlen. Die Techniker-Krankenkasse zahlt Gold, wenn ein krankhafter Ohr-Akupunktur-Test vorliegt. In der Regel verschanzen sich alle Pflicht-Krankenkassen hinter der Meinung, eine Vergiftung gäbe es nie, eine Allergie ist wegen fehlender Meldepflicht »nur 70mal in der Welt veröffentlicht«, eine Behandlung sei unnötig, alle seien nur psychisch abartig.

Dies zwingt zu einer teuren Verteidigungsstrategie:

1. Da die Vergiftung zu Lebzeiten nur leicht nachweisbar ist, wenn sich das Gift noch im Mund befindet, muß **vor** seiner Entfernung ein Kaugummitest durchgeführt werden. Dieser kann ohne Untersuchung im Keller kühl aufgehoben werden, bis die Krankenkasse die Laborkosten übernimmt. Dann muß DMPS gespritzt werden und ebenfalls der Urin, wie oben, aufgehoben werden.

2. Es muß ein Allergietest mit eigenem, herausgebohrtem Amalgam beim Hautarzt (4 Tage!) durchgeführt werden, wenn man eine Alternativversorgung zu Amalgam braucht.

3. Wenn man auf Anfrage beim Krankenkassenchef erfährt, daß trotz aller Nachweise keine Alternative bezahlt wird, läßt man sich vom Zahnarzt alle beherdeten Zähne ziehen, mehrmals ausfräsen und eine herausnehmbare Kunststoffprothese einsetzen (1993: DM 350,– Eigenanteil).

Der DMPS-Test und die DMPS-Therapie sind bei einer Quecksilbervergiftung erstattungspflichtig.

7.1
Krankenkasse

Bei Pflichtkrankenkassen haben die Sachbearbeiter die Anweisung, keine Vergiftungen anzuerkennen.

Gift ist ein rotes Tuch für die Krankenkassen.

Wenn überhaupt, dann werden in Deutschland nur akute Vergiftungen, bei denen man tot umfällt, anerkannt. Speichergifte in Organen wie dem Gehirn kennt man hierzulande nicht.

Krankenkassenchefs haben jederzeit die Möglichkeit, eine Vergiftungsbehandlung zu 100% zu erstatten. Hartnäckige erreichen dies auch. Die Unkenntnis einer Giftwirkung wird umgangen durch einen Allergienachweis: der positive Hornhauttest (Epikutantest) führt gelegentlich zur Zahlungsbereitschaft.

Für bereits Amalgamvergiftete ergeben sich zwei gangbare Wege, die Krankenkasse zu veranlassen, alle erforderlichen Behandlungen zu erstatten.

Austausch der Amalgamfüllungen:
Amalgamfüllungen sollten nach 3–4 Jahren entfernt werden, da sich erfahrungsgemäß nach diesem Zeitraum Karies unter den Füllungen und Randspalten bildet. Für Kranke ist ein Dreifachschutz nötig. (s. Kap. 5.1.2).

Diese Neuversorgung ist Kassenleistung. Sie wählen als Füllstoff Ihrer Gesundheit zuliebe Kunststoff (Charisma) oder Zement. Auf diese Weise werden Sie die Giftquelle in Ihrem Mund erst einmal los. Ihr Zahnarzt rechnet diese Arbeit mit der Kasse ab.

Rechtsweg:
Möchten Sie für eine teurere Versorgung die Kosten erstattet haben, müssen Sie das mit entsprechender Begründung bei der Kasse beantragen. Lehnt die Kasse ab, »Widerspruch« einlegen. Haben Sie von der Kasse einen »rechtsfähigen Ablehnungsbescheid« können Sie Klage beim Sozialgericht einlegen.
Sozialgericht: Kaum Gerichtskosten, kein Anwaltszwang. Sie können sich einen Rechtsbeistand wählen, z.B. einen versierten Mitbetroffenen.
Nach unserer Erfahrung zahlen die Kassen, bevor es zu einem Prozeß kommt.

Entgiftung:
Alle Rechnungen für Ärzte (auch Privatärzte) und Medikamente bei der Kasse einreichen und wie oben verfahren. Widerspruch – rechtsfähiger Ablehnungsbescheid – Sozialgericht.
Ärzte und Krankenkassen übersehen, daß vor Gericht auch die Krankengeschichte und Erfahrungswerte Beweiskraft haben (Indizien).

7.2
Behörden

Schuldbewußt arbeiten alle Offiziellen und Behörden zusammen, wenn es um Amalgamschäden geht. Vorsichtig, zur Vermeidung persönlicher Schadensersatzforderungen, sagen Einzelpersonen seit vielen Jahren trotz gegenteiliger Kenntnisse (STOCK vor 70 Jahren) »nach derzeitiger wissenschaftlicher Kenntnis«. Dabei darf nicht übersehen werden, daß die wissenschaftliche Kenntnis auch zurückgehalten wird, wie die offizielle Studie der WHO über Quecksilber, die erst 1991 freigegeben wurde. Das Exemplar des Autors von 1989 trägt den Vermerk: »Darf keinesfalls veröffentlicht werden«. Bis zur Veröffentlichung der Studie behaupteten alle das Gegenteil: Die Hauptquelle für Quecksilber sei die Nahrung. Amalgam setze kein Quecksilber frei. Berufsmäßige Verharmloser messen noch heute Gifte im Blut und Urin, d.h. akute Vergiftungen anstelle der Gifte in den Speicherorganen (DMPS-Test), d.h. chronische Vergiftungen.

7.2.1
WHO

Die WHO veröffentlichte 1989 folgende Quecksilberquellen:

> Amalgam 3–17 µg pro Tag als Quecksilberdampf
> Fische in der Nahrung 2,6 µg pro Tag als Quecksilber, organisch

Im Fisch ist jedoch eine sehr große Zinkmenge enthalten, die die Ausscheidung der aufgenommenen Quecksilbermenge veranlaßt. Übrigens unterscheidet sich die Quecksilbermenge im Gehirn von verstorbenen Fischessern und Nicht-Fischessern nicht (Vergleichswerte Bevölkerung Nord- bzw. Süddeutschland).

7.2.2
BGA – BfAM

Das BfAM, Nachfolgeinstitut des Bundesgesundheitsamts, steht eisern hinter den Amalgam-Zahnärzten. Eine Zahnärztin vertritt dort ihre Interessen. Selbst Todesfälle werden ignoriert – was bei HIV in Blutkonserven zur Entlassung des Chefs und Umbenennung des BGAs geführt hatte. Eine Strafanzeige läuft.

7.3
Gerichte

Wegen der Giftigkeit von Amalgam ist der Zahnarzt nicht verpflichtet, es zu legen (BSG Kassel 14a R Ka 7/92). Sozialgerichte müssen der Amalgamvergiftung im Einzelfall nachgehen und dürfen keine Pauschalurteile fällen (BSG 1RK 7/94). Die Amalgamsanierung wird in bewiesenen Vergiftungsfällen bezahlt (LSG Nieders. L4Kr 63/84, SG München S3Kr 20/90: Amalgamfolge schwere Depression, SG Heilbronn S7 Kr 72/92). Bei Härtefällen wird nach § 61 SGB eine volle Kassenleistung erfolgen (BSG 1RK 7/95). In einem Fall wurde nur durch Untersuchung der amalgamvergifteten Zahnwurzel die Vergiftung nachgewiesen. Auch für die psychischen Symptome half nur der Expositionsstopp. Schadenersatz wurde zugebilligt (LG Wiesbaden 3 O 111/91).

Speichel- und DMPS-Teste: Selbst extreme Amalgambefürworter wie SCHIELE führen – entgegen früheren anderslautenden Statements – ebenso wie alle Kliniker, die eine Amalgamvergiftung ausschließen wollen, für Gerichte seit Jahren diese Tests exakt so durch, wie sie durch uns beschrieben wurden, und benützen für ihre Begutachtung die an einem großen Kollektiv ermittelten Grenzwerte (SG Würzburg S3 Kr 3/92).

Die DMPS-Nachweismethode und anschließende Behandlung ist bei Amalgamvergifteten indiziert und muß von Kassen bezahlt werden (AG Flensburg 62 C 205/93, SG Wien 5 Cgs 52/94 m).

Grenzwerte (BAT) sind für Vergiftete untauglich (Bayr. LSG L 10 U 144/88), sie sind lediglich ein Politikum (Umweltgutachten 1987, Deutscher Bundestag).

Die individuelle genetische Ausstattung, Alter, Vorerkrankungen, Ernährungsgewohnheiten, Konstitution, Lebensweise und Psyche entscheiden bei einer chronischen Vergiftung (Frankfurt 65 Js 17084.4/91).

Nicht Ärzte, sondern Juristen entscheiden heute über die Therapie – allerdings brauchen diese exakte Beweise.

Auch ein Privatarzt muß von Pflichtkrankenkassen bezahlt werden (SG Detmold S 13 (21) Kr 23/93).

Stark Vergiftete sind oft zu geschwächt, um ihr Recht zu erkämpfen. Leichter Vergiftete können versuchen zu klagen, wenn sie alle Beweise zusammenhaben.
Die Krankenkassen haben durchaus recht, wenn sie Amalgamvergifteten keine Goldkronen oder die Behandlung toter Zähne bezahlen, da dies schädlich wäre.
Die Techniker-Krankenkasse zahlt die Amalgamsanierung und Alternativen zu 100% bei Vorliegen eines positiven Ohr-Akupunkturtestes.

7.4
Brief eines Betroffenen

EMPFÄNGER

Zahnarzt
Zahn-, Kassenärztl. Vereinigung
Hausarzt
Krankenkasse
Amalgamhersteller
Bundesgesundheitsamt
Bundesgesundheitsministerium
Abgeordnete
Arbeitgeber

Sehr geehrte Damen und Herren,

als braver Bundesbürger glaubte ich, daß mir gerade im Gesundheitsbereich das empfohlen wird, was meine eigene Gesundheit fördert, und bei Krankheit würde alles übernommen, was »zweckmäßig und wirtschaftlich« ist.

Nun hat mir niemand gesagt, daß im Amalgam, das mir ohne Aufklärung über Nebenwirkungen als Arzneimittel gegen meine Karies gegeben wurde, mindestens 50% Quecksilber enthalten ist.

Niemand sagte mir, daß es ungleich viel gefährlicher ist, bei Legen und Polieren bzw. Austauschen die Quecksilberdämpfe einzuatmen.

Niemand sagte mir, daß das in das Gehirn aufgenommene Quecksilber dort nach 20 Jahren erst halbiert sei und mit nichts entfernt werden könne, wenn mein Kieferknochen voll Quecksilber ist.

Niemand sagte mir, daß es extrem quecksilberempfindliche Menschen gibt, die es vollständig meiden müssen.

Niemand sagte mir, daß Amalgam mein Zahnfleisch und meine Zahnwurzel zerstört, so daß ich künstliche Zähne brauche.

Als einer der seltenen privilegierten Deutschen erfuhr ich rein durch Zufall davon. Ich ließ mir einen DMPS-Test machen, der von meiner Krankenkasse verboten ist, obwohl er schon Tausenden geholfen hat. Danach ging mir plötzlich ein Licht auf, als sich ein Teil meiner Beschwerden besserte. Ich ließ mir von einem »alternativen Zahnarzt« mit Gummischutz und Sauerstoff den Sondermüll aus meinem Mund entfernen, da ich hörte, daß das Entfernen ohne Schutz Kranke erst schwerstkrank machte.

Da das Amalgam bei mir schon sehr lange lag und schon die potenzierenden Nerven- und Immunschäden hervorgerufen hatte, weiß ich, daß ich trotz Verzicht auf meine Zähne nie mehr ganz gesund werde.

Ich weiß zwar, daß es wichtig ist, daß die Wirtschaft und das Gesundheitssystem dadurch florieren, kann jedoch nicht verstehen, daß ich nie über Risiken aufgeklärt wurde. Ich fürchte, daß ich heute gesünder wäre, wenn ich als Kassenpatient nie zum Zahnarzt gegangen wäre oder Karieszähne gleich ziehen hätte lassen.

7.5
Entschädigung

Pro gelegter Amalgamfüllung kosten die Nachfolgeerkrankungen im Schnitt DM 10.000,–.

Solange es den Krankenkassen noch so gut geht wie bisher, verzichten sie auf die ihnen zustehende Entschädigung nach dem Arzneimittelgesetz.

Geschädigte, die dies jedoch einklagen wollen oder wegen finanziellen Ruins müssen – brauchen exakte Meßergebnisse aller Gifte und Nachweise der giftbedingten Organschäden.

Nach dem Arzneimittelgesetz sind alle »unerwarteten Schäden« bis DM 500.000,– versichert.

8
Zahnärzte

Zahnärzte sind die eigentlichen Helden der Nation. Trotz aller Vorsichtsmaßnahmen müssen sie die nächsten Jahrzehnte beim Giftentfernen vieles erdulden. Selbst beim Ausfräsen eines zahnlosen Kiefers eines ehemaligen Amalgamträgers ist der Behandlungsraum lange mit Quecksilber belastet.

Obwohl die Amalgamalternative in der Regel billigst ist, wird meist auf ungeeignete, sehr teure Materialien ausgewichen, treu dem Umweltsatz:

> **ENTGIFTER VERDIENEN EBENSOVIEL WIE VERGIFTER.**

Amalgamdämpfe blockieren offenbar die Einsichtsfähigkeit. Von geschäftstüchtigen Pharmafirmen wird den Zahnärzten anstelle des einzig möglichen Schutzes (umluftunabhängige Beatmung) Selen verkauft, das durch die Hemmung der Giftausscheidung und Einlagerung von Quecksilberselenid die Hirnschäden noch wesentlich verstärkt.

Eines der quälendsten Symptome der Zahnarzthelferinnen ist die Kinderlosigkeit, sowie sexuelle Probleme und Blasenprobleme.

Wenn Zahnarzt und Helferin Schäden bemerken, kommt jede Behandlung zu spät, da das eingeatmete Quecksilber-Zinn-Gemisch zu irreversiblen Schäden geführt hat.

Formaldehyd bei der Desinfektion oder Kunststoffherstellung potenziert die Giftwirkung.

9
Vorteile des Amalgams

Neben den unschlagbaren Vorteilen als billigstes Zahnfüllungsmaterial, das sogar von Laien haltbar gelegt werden kann (so war sein Ursprung), hat es weitere unschätzbare Vorteile:

Der Vergiftete erkennt oft schon früh seinen Gesundheitsabbau und verzichtet instinktiv auf andere Konsumgifte und lebensbedrohliche Sportarten.

Wenn er von Fremden auf die Zusammenhänge gestoßen wird, hat er oft die Möglichkeit, seine Lebensqualität wesentlich zu verbessern – anders als bei anderen Umweltgiften. Die Laienhilfe führt zu einem Gefühl der Dankbarkeit, das anderen Menschen fehlt.

> **KLEINSTE DOSEN REGELMÄSSIG SIND GEFÄHRLICHER
> ALS EINMAL EINE GROSSE DOSIS.**

Diese Erkenntnis der chronischen Giftwirkung hilft Amalgamkranken, sich im modernen Leben wesentlich besser zu behaupten als Gesunde.

Für die Mediziner bringt Amalgam große persönliche Vorteile.

Der Amalgamvergiftete schädigt die Umwelt viel weniger als ein Gesunder, da er weniger arbeitet und weniger Freizeitaktivitäten pflegt.

Bei ihrer Einstellung zum Amalgam lernt man am besten kennen, was Verantwortliche über die chronische Giftwirkung von Rauchen, Drogen, Autoemissionen, Waldsterben, Formaldehyd, Wohngiften, Holzgiften, Zahngiften u.a. wissen.

> **AMALGAM AM EIGENEN LEIBE IST DIE BESTE UMWELTLEHRE.**

> **IDEEN LÖSEN PROBLEME.**

„MS" und Amalgam

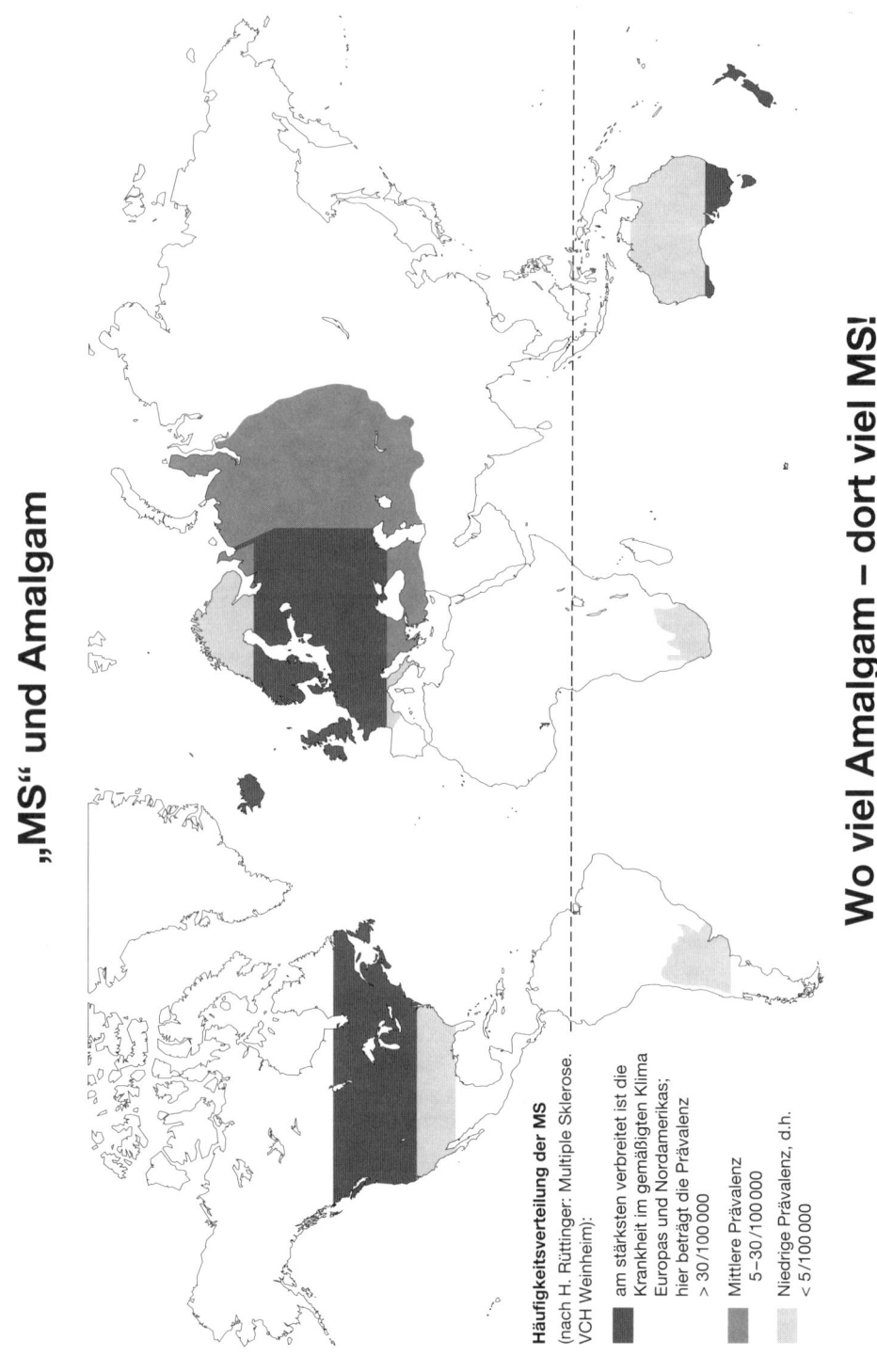

Häufigkeitsverteilung der MS
(nach H. Rüttinger: Multiple Sklerose.
VCH Weinheim):

am stärksten verbreitet ist die
Krankheit im gemäßigten Klima
Europas und Nordamerikas;
hier beträgt die Prävalenz
> 30/100 000

Mittlere Prävalenz
5–30/100 000

Niedrige Prävalenz, d.h.
< 5/100 000

Wo viel Amalgam – dort viel MS!

Die Veröffentlichungen von Dr. M Daunderer bei ecomed

Hiermit bestelle/n ich/wir mit garantiertem Rückgaberecht innerhalb von 14 Tagen nach Erhalt:

Fax-Schnellantwort
0 81 91/125-594

Ex.

Klinische Toxikologie
Loseblattwerk in 10 Leinenordnern.
ISBN 3-609-70000-9
Fortsetzungspreis
DM **780,–**/öS **6.084,–**/sFr **780,–***
Ergänzungslieferungen
DM -,54/öS 4,-/sFr -,54/Seite

Kompendium der Klinischen Toxikologie (Schriftenreihe)

Farbatlas der Klinischen Toxikologie
188 S., Softcover, Format 17 x 24 cm,
ISBN 3-609-64190-8
DM **98,–**/öS **765,–**/sFr **98,–**

Klinische Toxikologie der Gegengifte
600 S., Softcover, Format 17 x 24 cm,
ISBN 3-609-63720-X
DM **128,–**/öS **999,–**/sFr **128,–**

Chemikalienvergiftungen Band 1–3,
ISBN 3-609-63440-5
DM **398,–**/öS **3.105,–**/sFr **398,–**

Chemikalienvergiftungen Band 1
672 S., Softcover, Format 17 x 24 cm
ISBN 3-609-63680-7
DM **168,–**/öS **1.311,–**/sFr **168,–**

Chemikalienvergiftungen Band 2
400 S., Softcover, Format 17 x 24 cm
ISBN 3-609-63990-3
DM **128,–**/öS **999,–**/sFr **128,–**

Chemikalienvergiftungen Band 3
400 S., Softcover, Format 17 x 24 cm
ISBN 3-609-63280-1
DM **128,–**/öS **999,–**/sFr **128,–**

Gasvergiftungen
432 S., Softcover, Format 17 x 24 cm
ISBN 3-609-63670-X
DM **98,–**/öS **765,–**/sFr **98,–**

Kampfstoffvergiftungen
212 S., Softcover, Format 17 x 24 cm,
ISBN 3-609-63730-7
DM **58,–**/öS **453,–**/sFr **58,–**

Lösungsmittelvergiftungen
512 S., Softcover, Format 17 x 24 cm,
ISBN 3-609-63660-2
DM **128,–**/öS **999,–**/sFr **128,–**

Ex.

Metallvergiftungen
ca. 650 S., Softcover, Format 17 x 24 cm,
ISBN 3-609-63700-5
DM **98,–**/öS **765,–**/sFr **98,–**

Umweltgifte
402 S., Softcover, Format 17 x 24 cm
ISBN 3-609-63780-3
DM **98,–**/öS **765,–**/sFr **98,–**

Naturstoffvergiftungen
700 S., Softcover, Format 17 x 24 cm
ISBN 3-609-63640-8
DM **98,–**/öS **765,–**/sFr **98,–**
(unverbindliche Preisempfehlung)

Daunderer
Amalgam Patienteninformation
52 S., Softcover, Format 17 x 24 cm
ISBN 3-609-63490-1
DM **20,–**/öS **156,–**/sFr **20,–**

Roth / Daunderer / Kormann
Giftpflanzen Pflanzengifte
1250 S., Hardcover,
Format 17 x 24 cm
ISBN 3-609-64810-4
DM **248,–**/öS **1.935,–**/sFr **248,–**

Roth / Daunderer
Giftliste
Loseblattwerk in 5 Arbeitsordnern
ISBN 3-609-73120-6
Fortsetzungspreis
DM **348,–**/öS **2.715,–**/sFr **348,–***
Ergänzungslieferungen
DM -,36/öS 3,-/sFr -,36/Seite

Handbuch der Umweltgifte
Loseblattwerk in 2 Leinenordnern
ISBN 3-609-71120-5
Fortsetzungspreis
DM **198,–**/öS **1.545,–**/sFr **198,–***
Ergänzungslieferungen
DM -,46/öS 4,-/sFr -,46/Seite

Drogen Handbuch
Loseblattwerk in 2 Leinenordnern
ISBN 3-609-71090-0
Fortsetzungspreis
DM **178,–**/öS **1.389,–**/sFr **178,–***
Ergänzungslieferungen
DM -,46/öS 4,-/sFr -,46/Seite

Ex.

Drogenmonographien

Drogendelinquenz und Kriminologie
104 S., Softcover, Format 17 x 24 cm
ISBN 3-609-63450-2
DM **42,–**/öS **328,–**/sFr **42,–**

Drogen und Schule
196 S., Softcover, Format 17 x 24 cm
ISBN 3-609-63830-8
DM **48,–**/öS **375,–**/sFr **48,–**

Drogen und Recht
134 S., Softcover,
Format 17 x 24 cm
ISBN 3-609-63960-1
DM **48,–**/öS **375,–**/sFr **48,–**

Notfalltoxikologie
ca. 450 S., Paperback,
Format 17 x 24 cm
ISBN 3-609-64410-9
DM **78,–**/öS **609,–**/sFr **78,–**

Chronische Intoxikationen
ca. 300 S., Paperback,
Format 17 x 24 cm
ISBN 3-609-64420-6
DM **58,–**/öS **453,–**/sFr **58,–**

Klinische Toxikologie in der Zahnheilkunde
über 600 Seiten, Loseblattwerk im Leinenordner, Format 17 x 24 cm,
ISBN 3-609-70300-8
Fortsetzungspreis
DM **148,–**/öS **1.155,–**/sFr **148,–***
Ergänzungslieferungen
DM -,54/öS 4,-/sFr -,54/Seite

Handbuch der Amalgamvergiftung
über 1.200 Seiten, Loseblattwerk in 2 Leinenordnern, Format 17 x 24 cm,
ISBN 3-609-71750-5
Fortsetzungspreis
DM **198,–**/öS **1.545,–**/sFr **198,–***
Ergänzungslieferungen
DM -,46/öS 4,-/sFr -,46/Seite

* Der ecomed Ergänzungsdienst Einschließlich Bezug der zu diesem Werk erscheinenden Ergänzungslieferungen zum jeweils angegebenen Seitenpreis. Dieses Abonnement ist jederzeit zum Ende eines Kalenderjahres kündbar.

DFW

Name   Straße

PLZ/Ort   Datum/Unterschrift

Datum   Unterschrift   Stand der Preise: 04/94

 verlagsgesellschaft   ***Bitte wenden Sie sich mit Ihrer Bestellung an Ihre Fachbuchhandlung!***

Schriftenreihe Ökopädiatrie

Zunehmend werden Umweltprobleme, die durch technisch-industriellen Fortschritt entstehen, auch für gesundheitliche Störungen verantwortlich gemacht. Unsere Kinder sind in besonderem Maße davon betroffen... In der ecomed Schriftenreihe „Ökopädiatrie" kommen namhafte Spezialisten zu Wort, die mit objektiver Gewichtung die nach Themen zusammengefaßten Umweltfaktoren auf ihre Gefährdungspotentiale für die kindliche Gesundheit untersuchen. Gerade die interdisziplinäre Ausrichtung zeigt die Komplexität der Themen auf und trägt zu einer Versachlichung der öffentlichen Diskussion bei.

Ökopädiatrie, Bände 1-4
Herausgegeben von E. Enders und G. Stahl

Neue Krankheiten durch Trinkwasser
Gefahrenquellen – Klinik – Prävention

Schriftenreihe Ökopädiatrie, **Band 1**
1992, Paperback, 68 Seiten, Format 17 x 24 cm
ISBN 3-609-63860-5   DM **36,–**/öS **281,–**/sFr **36,–**

Aus dem Inhalt:
Das Lebensmittel Trinkwasser – Gift im Trinkwasser –
Krank durch Trinkwasser – Die Zukunft des Trinkwassers

Innenraumluft – Gesundheitsrisiko für Kinder?
Gefahrenquellen – Klinik – Prävention

Schriftenreihe Ökopädiatrie, **Band 2**
1993, Paperback, 86 Seiten, Format 17 x 24 cm
ISBN 3-609-63390-5   DM **36,–**/öS **281,–**/sFr **36,–**

Aus dem Inhalt:
Das Raumklima – Toxikologie der Innenraumluft – Passivrauchen – Reaktionen des kindlichen Organismus auf Immissionen – Atemwegserkrankungen durch Innenraumluftschadstoffe – Neues Bauen, neues Wohnen

Elektrosmog und Erdstrahlen – was wissen wir wirklich?
Gefahrenquellen – Klinik – Prävention

Schriftenreihe Ökopädiatrie, **Band 3**
1994, Paperback, 124 Seiten, Format 17 x 24 cm
ISBN 3-609-64540-7   DM **36,–**/öS **281,–**/sFr **36,–**

Aus dem Inhalt:
Elektrosmog durch technische elektromagnetische Felder? –
Die biologische Antwort – Das Kind im elektromagnetischen
Feld – Von Erdstrahlen und Wasseradern – Krankheit als
Standortproblem

„Chemie" in der Kindernahrung?
Gefahrenquellen – Klinik – Prävention

Schriftenreihe Ökopädiatrie, **Band 4**
1995, Paperback, 128 Seiten, Format 17 x 24 cm
ISBN 3-609-63460-X   DM **28,–**/öS **219,–**/sFr **28,–**

Aus dem Inhalt:
„Chemie" in der Kindernahrung? – Lebensmittelrecht in
Deutschland – Folgen für die Lebensmittelqualität? – Reimportierte Gifte aus der Dritten Welt – Gentechnologie in
der Lebensmittelproduktion